Zu diesem Buch:
Auch wenn es zunächst den Anschein hat: Dies ist keine
weitere Biographie Albert Einsteins. Vielmehr ist es die
«Lebensgeschichte» der Feldgleichung und der daraus
resultierenden allgemeinen Relativitätstheorie.
Aus einem erst 1997 veröffentlichten, bis dato unbekannten Notizbuch Albert Einsteins von 1913 geht hervor, dass
er in diesem Jahr die «göttliche Formel» über die unendliche Expansion des Universums bereits niedergeschrieben
hatte, ohne sich ihrer Bedeutung und Tragweite bewusst zu
sein. 1917 griff er den Faden wieder auf und fügte kosmologische Konstanten in die Gleichung ein, um sie der Geometrie des Universums anzupassen. Doch erst 1998 gelang
es führenden Astronomen, die allgemeine Relativitätstheorie mit Teleskopbeobachtungen zu verifizieren und Einstein sogar dort Recht zu geben, wo er sich selbst der «Eselei» bezichtigt hatte.
Amir D. Aczel versteht es, die Balance zwischen erzählen-
dem und wissensvermittelndem Stil zu halten und die
Protagonistin des Buches – die Feldgleichung – kommentiert und gut verständlich zur Schau zu stellen.

Amir D. Aczel, Autor des internationalen Bestsellers *Fermats dunkler Raum*, ist Mathematiker und Professor für
Statistik in Wattham/Massachusetts. In *Probability 1* (science 60931) schrieb er über die Möglichkeit und Wahrscheinlichkeit extraterrestrischen Lebens.

Amir D. Aczel

Die göttliche Formel

Von der Ausdehnung
des Universums

Aus dem Amerikanischen
von Hainer Kober

Rowohlt Taschenbuch Verlag

rororo science
Lektorat Angelika Mette

Deutsche Erstausgabe
Veröffentlicht im Rowohlt Taschenbuch Verlag GmbH,
Reinbek bei Hamburg, Mai 2002
Die Originalausgabe erschien unter dem Titel
«God's Equation. Einstein, Relativity, and the Expanding Universe»
bei Four Walls Eight Windows, New York
Copyright © 1999 by Amir D. Aczel
Der Titel wurde vermittelt durch die
Literatur Agentur Thomas Schlück GmbH, 30827 Garbsen
Fachliche Beratung der Reihe
Eva Ruhnau, Humanwissenschaftliches Zentrum,
Ludwig-Maximilians-Universität, München
Redaktion Annalisa Viviani
Umschlaggestaltung any.way, Barbara Hanke
(Foto: Ullstein Bilderdienst/The Image Bank)
Satz Minion PostScript (PageMaker)
bei Pinkuin Satz und Datentechnik, Berlin
Druck und Bindung Clausen & Bosse, Leck
Printed in Germany
ISBN 3 499 60935 5

Meinem Vater, Captain E. L. Aczel

Inhalt

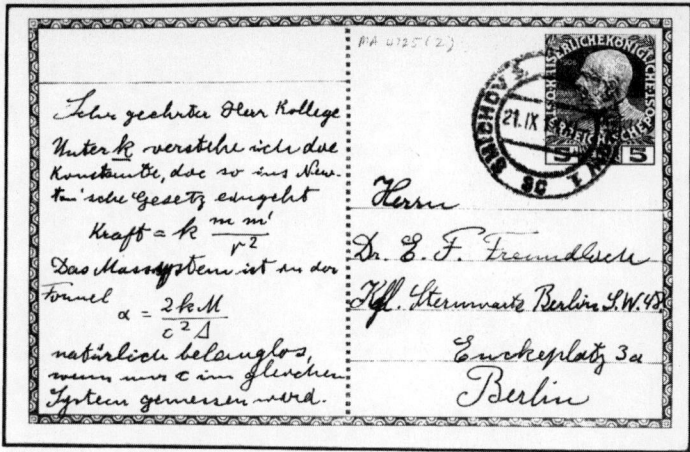

Postkarte, die Albert Einstein am 21. September 1911 an Erwin Freundlich geschickt hat.

Pierpont Morgan Library, New York, MA 4725

Vorwort

Im Januar 1998 veränderte sich unser Bild vom Universum unwiderruflich. Die Astronomen fanden Anhaltspunkte dafür, dass der Kosmos mit ständig wachsender Geschwindigkeit expandiert. Kaum waren die neuen Ergebnisse bekannt, beeilten sich Kosmologen in aller Welt, eine Erklärung für das Phänomen zu finden. Die verheißungsvollste Theorie, mit der die Wissenschaftler dienen konnten, war ein Vorschlag, den Einstein schon achtzig Jahre zuvor unterbreitet, dann aber rasch wieder zurückgezogen und seine größte Eselei genannt hatte. Jahr für Jahr stellen neue Entwicklungen unter Beweis, wie exakt Einsteins Theorien sind. Doch wenn die neuen Einschätzungen der Kosmologen stimmen, hatte Einstein selbst dort Recht, wo er sich sicher wähnte, Unrecht zu haben.

Etwa zu der Zeit, als diese erstaunliche Nachricht bekannt wurde, erhielt ich eine merkwürdige Postsendung. Absender war L. P. Lebel, ein Leser meines Buchs *Fermats dunkler Raum* und inzwischen ein guter Freund, mit dem ich in Briefwechsel stehe. Doch dieses Mal enthielt der Umschlag keinen Brief, sondern einfach einen Zeitungsausschnitt: einen Artikel von George Johnson aus der *New York Times*. Ich las den Artikel mit großem Interesse: Er handelte von reiner Mathematik, nicht Physik oder Kosmologie. In dem Artikel stellte Johnson eine faszinierende Frage: Ist es möglich, dass andere Formen der Mathematik – verschieden von der unseren – irgendwo im Universum existieren? Als Beispiel nannte Johnson das Problem der Zahl Pi und des Kreises. Kann es Kreise geben, so fragte er, bei denen das Verhältnis von Kreisumfang zum Durchmesser nicht gleich Pi ist?

Zunächst mag es den Anschein haben, als hätten Einstein und

die Kosmologie nichts mit einer verrückten Mathematik zu tun, in der Kreise sich ganz anders verhalten, als wir es gewohnt sind. Und doch gab es, wie ich sehr wohl wusste, eine ganz enge Verbindung. Die Beschäftigung mit diesen Parallelen zwischen der Physik und der Mathematik versetzte mich um zwanzig Jahre zurück. Während meines Studiums an der University of California in Berkeley hatte ich Kurse in Physik und Mathematik belegt. In einem dieser Kurse erläuterte der Professor ein Konzept, das mit meiner Wirklichkeitswahrnehmung kollidierte. «Das Elektron», sagte der Professor, «lebt in einem anderen Raum als wir.» Diese Äußerung veranlasste mich, meine Studienrichtung zu ändern und fortan Kurse zu besuchen, die Räume behandelten: Topologie, Analysis und differenzielle Geometrie. Ich wollte diese anderen Räume verstehen, die existieren, obwohl unsere Sinne sie nicht wahrnehmen können. Solche seltsamen Räume treffen die Physiker an, wenn sie sich mit den ganz kleinen der Quantenmechanik oder den ganz großen der allgemeinen Relativitätstheorie beschäftigen. Um die Physik der Relativitätstheorie zu verstehen, musste man sich mit einem Raum beschäftigen, dessen Geometrie allen unseren intuitiven Erwartungen zuwiderläuft.

Johnsons ungewöhnliche Mathematik und die Einstein-Gleichungen der Kosmologen waren in Wirklichkeit zwei Seiten derselben Medaille. Diese faszinierenden Ideen nahmen mich immer mehr gefangen. Stundenlang löste ich Probleme der nichteuklidischen Geometrie, einem Teilgebiet der Mathematik, das sich mit Räumen der verschiedensten Art beschäftigt. Dort kann eine Gerade unendlich viele Parallelen durch einen gegebenen Punkt haben, statt wie bei Euklid nur eine einzige, und Kreise haben Verhältnisse von Umfang zu Durchmesser, die nicht gleich Pi sind. (Albert Einstein setzte sich mit der nichteuklidischen Geometrie auseinander, als er nach einer mathematischen Theorie suchte, die die von ihm in der Raumzeit entdeckte Krümmung erklärte.) Ich nahm mir wieder alte Aufgaben aus der Differenzialgeometrie vor – eine andere Art, geometrische Räume zu beschreiben, die Einstein als mathematische Grundlage für die Entwicklung der allgemeinen Relativitätstheorie heranzog.

Nachdem ich meine mathematischen Kenntnisse auf dem Gebiet der Relativitätstheorie aufgefrischt hatte, rief ich einen meiner ehemaligen Berkeley-Professoren an und stellte ihm einige Fragen zur Geometrie der allgemeinen Relativitätstheorie. Man könnte mit einigem Recht behaupten, dass S. S. Chern der größte lebende Geometer ist. Wir führten ein langes Telefongespräch, in dessen Verlauf mir Chern geduldig alle meine Fragen beantwortete. Als ich ihm berichtete, ich hätte die Absicht, ein Buch über Relativitätstheorie, Kosmologie und Geometrie zu schreiben und darzulegen, wie sie sich zu einer Erklärung des Universums verbänden, sagte er: «Das ist ein sehr schöner Plan für ein Buch, aber es wird Sie sicherlich viele Jahre Ihres Lebens kosten … Ich würde es nicht tun.» Damit legte er auf.

Ich war entschlossen, *mir selbst* zu erklären, wie die genaue Beziehung aussieht zwischen einem ewig expandierenden Universum, Einsteins genialen Feldgleichungen der allgemeinen Relativitätstheorie und dem rätselhaft gekrümmten Universum, in dem wir leben. Wenn ich mir selber diese Rätsel erklären und meine wachsende Neugier befriedigen konnte, dann, so meinte ich, würde ich dieses Wissen auch anderen vermitteln können. Ich las jedes Buch über Kosmologie und Relativitätstheorie, das ich auftreiben konnte, doch um diese faszinierenden Ideen richtig zu verstehen, musste ich die Gleichungen selbst ableiten. Bei dieser Aufgabe war ich auf die Hilfe anderer Menschen angewiesen – mehr, als ich gedacht hatte.

Mein Freund und Nachbar Alan Guth, der Weisskopf-Professor für Physik am MIT, hat eine höchst vielversprechende Theorie entwickelt, die erklärt, was unmittelbar nach dem Urknall geschehen ist – die Theorie des inflationären Universums. Guths Theorie ist so erfolgreich, dass sie heute praktisch in jedem kosmologischen Modell des sehr frühen Universums eine Rolle spielt. Großzügigerweise hat Alan mir seine eigenen Forschungsunterlagen zur Verfügung gestellt und stundenlang kosmologische Fragen und die seltsame Geometrie der Raumzeit mit mir erörtert. Peter Dourmashkin, der ebenfalls Physik am MIT lehrt, war so freundlich, mir seine Vorlesungsnotizen über Kosmologie zu überlassen, und half mir bei einigen besonders schwierigen Gleichungen. Jeff Weeks, Mathematiker und Unternehmensberater, hat mir den exakten mathematischen Zusammenhang zwischen Einsteins Feldgleichung mit kosmologischer Konstanten und einer möglichen Geometrie der Raumzeit gezeigt. Colin Adams, ein Mathematiker am Williams College, hat mir geholfen, diesen verborgenen Beziehungen zwischen der Geometrie und den mathematischen Formeln, die das Universum beschreiben, genauer nachzugehen. Kip Thorne, ein Professor von Weltruf auf dem Gebiet der Relativitätstheorie am Caltech (California Institute of Technology), hat sich freundlicherweise bereit erklärt, meine Fragen in einem Telefoninterview zu beantworten. Paul Steinhardt, Physikprofessor an der Princeton University und ein Pionier auf den Gebieten von Kosmologie, Physik und reiner Mathematik, machte mich mit seinen Erkenntnissen und Theorien vertraut. Sir Roger Penrose von der Oxford University, ein namhafter Mathematiker und Kosmologe, hat mir liebenswürdigerweise seine hochinteressanten Ideen und Theorien über das Universum erläutert.

Nachdem ich die Mathematik und Physik verstanden hatte und begriff, wie die Gleichungen die Geometrie bestimmen und wie Einsteins einst verworfene kosmologische Konstante auf erstaunliche Weise zur Lösung des Rätsels um das ewig expandierende Universum beiträgt, war es an der Zeit, mit den Astronomen zu sprechen, die Neues über den Zustand unseres Universums zu vermelden hatten. Saul Perlmutter vom Lawrence Berkeley National Laboratory, Leiter des internationalen Astronomenteams, das die rasche Expansion des Universums entdeckte, hat mir seine Zeit großzügig zur Verfügung gestellt. Saul verdanke ich unschätzbare Erkenntnisse über die Eigenheiten expandierender Räume sowie

Informationen über die höchst einfallsreichen Methoden, die seine Mitarbeiter und er entwickelt hatten, um die Expansion des Universums mit nie gekannter Genauigkeit zu vermessen – mit Hilfe elektronischer Bilder von Sternen, die in einer Entfernung von etlichen Milliarden Lichtjahren von der Erde explodiert sind. Später hat Saul das Manuskript dieses Buchs durchgesehen und wertvolle Hinweise gegeben. Esther M. Hu, Leiterin einer astronomischen Arbeitsgruppe an der University of Hawaii, die in den Keck-Teleskopen einen Blick auf das fernste Objekt ergattert hat, das in unserem Universum sichtbar ist – eine Galaxie, die dreizehn Milliarden Lichtjahre entfernt und dadurch so lichtschwach und rotverschoben ist, dass sie die äußerste Grenze dessen darzustellen scheint, was wir jemals zu sehen hoffen dürfen –: Großzügig hat sie mich mit vielen interessanten technischen Details über ihre Entdeckung versorgt. Unter anderem habe ich dadurch erfahren, dass sich die von ihr beobachtete Galaxie mit 95,6 Prozent der Lichtgeschwindigkeit von uns entfernt. Neta A. Bahcall, eine Astronomieprofessorin an der Princeton University, die die Massendichte des Universums mit modernsten Beobachtungsgeräten und theoretischen Methoden untersucht hat, erläuterte mir ihre überraschenden Forschungsergebnisse. Alle Untersuchungen, die Neta und ihre Kollegen in den letzten zehn Jahren durchgeführt haben, lassen darauf schließen, dass unser Universum eine geringe Masse hat – nicht mehr als 20 Prozent der Massendichte, die mindestens erforderlich wäre, um die Expansion des Universums irgendwann zum Stillstand zu bringen. Was diese Forscher herausgefunden haben, spricht sehr dafür, dass die Expansion sich ewig fortsetzen wird.

An einem Sommertag, als ich schon intensiv mit diesem Buchprojekt beschäftigt war, weilte ich bei meinem Freund Jay Pasachoff, dem Direktor des Hopkins-Observatoriums am Williams College, in Williamstown, Massachusetts, zu Besuch. Ich musste mit ihm sprechen, weil ich mich jetzt mit der Arbeit von Albert Einstein selbst beschäftigte. Ich wusste, dass Einsteins allgemeine

Relativitätstheorie bestätigt worden war, als man bei einer totalen Sonnenfinsternis im Jahr 1919 beobachtete, dass das Sternenlicht in der Nähe der Sonne abgelenkt wird. Jay Pasachoff ist der Welt größter Fachmann für Sonnenfinsternisse. Als wir uns trafen, hatte er bereits sechsundzwanzig totale Sonnenfinsternisse beobachtet, ich denke, mehr, als sonst ein Mensch in der Geschichte dieses Planeten je zu Gesicht bekommen hat. Seither sind es noch ein paar mehr geworden. Jay überließ mir ganze Aktenordner mit Originaldokumenten und Artikeln. Dann gab er mir noch einen Artikel über eine Reihe von Briefen, die Albert Einstein über einen Zeitraum von zwanzig Jahren an einen unbekannten deutschen Astronomen schrieb. Diese Briefe hatte ein Privatsammler gerade der Piermont Morgan Library in Manhattan gestiftet. Einige davon hatte noch kein Forscher zu Gesicht bekommen, geschweige denn ins Englische übersetzt. Ich wusste, ich war auf eine gute Geschichte gestoßen.

Sylvie Meira und Inge Dupont von der Pierpont Morgan Library erwiesen sich als äußerst hilfsbereit während der Stunden, die ich in den Archivräumen der Bücherei verbrachte und Einsteins Briefe an den Astronomen Erwin Freundlich durchsah. Zuvorkommend überließen sie mir offizielle Kopien aller fünfundzwanzig Einstein-Briefe der Sammlung. Charles Hadlock danke ich dafür, dass er den Besuch vermittelt hat.

Mein Vater, Kapitän E. L. Aczel, hat den Sommer bei uns in Boston verbracht. Er ist in Österreich-Ungarn aufgewachsen, bevor er nach dem Zusammenbruch der k. u. k. Monarchie seine Heimat in den dreißiger Jahren verlassen hat, um als Kapitän das Mittelmeer zu befahren. Daher ist ihm das Deutsch, das Albert Einstein in jenen Jahren schrieb und sprach, sehr vertraut. Als ich ihn fragte, ob er Lust und Zeit hätte, Einsteins Briefe zu übersetzen, war er Feuer und Flamme. Im Laufe der nächsten zwei Monate verbrachten wir gemeinsam viele Stunden über den Briefen. Häufig nahm er sich einen Satz oder eine Redewendung noch einmal vor, nachdem wir die Übersetzung eines Briefes bereits abgeschlossen hatten, und dachte noch einmal über eine besonders eigenwillige Formulierung nach («Sie haben angegriffene Nerven und keine Speckschicht, die Ihren Kopf schützt») oder überlegte, was der Physiker wirklich meinte, wenn er die Bitte seines Kollegen um berufliche Hilfe barsch abwimmelte. («Struve ist schlecht auf Sie zu sprechen. Sie tun einfach nicht, was er von Ihnen verlangt.») Dem sorgfältigen Auge und Ohr meines Vaters, seiner Aufmerksamkeit für jedes winzige Detail und die Bedeutung im Sprachgebrauch der Zeit und der Gegend war es zu verdanken, dass sich ein überraschend neuer Eindruck von Einstein herauskristallisierte. Natürlich bleibt das Bild des freundlichen alten Mannes, bekannt für sein humanitäres Engagement, aber andererseits zeigt sich auch, dass er nicht nur extrem ehrgeizig war, sondern auch bereit, Menschen zu benutzen, um seine Ziele zu erreichen, und sie rasch wieder fallen zu lassen, wenn sie keinen Wert mehr für ihn hatten. So entsteht ein menschlicheres Bild des überlebensgroßen Physikers – mit den Fehlern und Schwächen, an denen wir alle kranken.

Bei meinem Besuch im Einstein-Archiv in Jerusalem lernte ich die andere Seite der Freundlich-Einstein-Beziehung kennen, wie sie in den Briefen zum Ausdruck kommt, die Freundlich an Einstein schrieb. Ich verdanke es Dina Carter vom Albert-Einstein-Archiv der Jüdischen National- und Universitätsbibliothek in Jerusalem, dass ich dort auf so viele wichtige Briefe und Dokumente gestoßen bin.

Menschen, die ihre berufliche Laufbahn der Beschäftigung mit dem Leben und Werk von Albert Einstein gewidmet haben, bilden eine verschworene internationale Gemeinschaft, die über den ganzen Erdball verstreut ist, von Boston über Princeton bis Zürich, Jerusalem und Berlin. John Stachel von der Boston University, dem ersten Herausgeber der zahlreichen Bände *Collected Papers of Albert Einstein*, verdanke ich nützliche Hinweise auf die Chronologie einiger Entdeckungen von Einstein. Mein Freund Hans Künsch von der Eidgenössischen Technischen Hochschule in Zürich, an der Einstein studiert und gelehrt hat, traf alle nötigen Vorbereitungen für eine Besichtigung von Einsteins Haus in der Schweiz.

Am Max-Planck-Institut für Wissenschaftsgeschichte in Berlin kam ich mit zwei der weltweit anerkanntesten Experten für die Arbeit von Albert Einstein zusammen. Jürgen Renn, der Direktor des Instituts, verschob den Beginn seines Urlaubs auf einer Ostseeinsel, um mich während meines Berlinbesuchs zu treffen. Renn und seine Kollegen am Institut haben viele interessante Einzelheiten zu Albert Einsteins wissenschaftlicher Tätigkeit entdeckt, unter anderem die verblüffende Tatsache, dass er die Feldgleichung der Gravitation bereits 1912 in ihrer endgültigen Form aufgeschrieben und aus unbekannten Gründen wieder verworfen hat, um sie dann in vierjähriger harter Arbeit erneut abzuleiten – diesmal aus einem anderen Blickwinkel. Jürgen Renn ermöglichte mir den Zugang zu allen Unterlagen des Instituts, einschließlich bislang unveröffentlichter Forschungsergebnisse über Einstein und seine Arbeit. Auch Giuseppe Castagnetti, der gleichfalls an diesem Max-Planck-Institut arbeitet, war mir eine große Hilfe während meines Berlinaufenthalts. Ich verdanke ihm viele Erkenntnisse über Einsteins Persönlichkeit und Arbeit. Er hat mir auch die Besichtigung von Einsteins Sommerhaus in Caputh ermöglicht.

Ich bin Frau Erika Britzke, die das Haus betreut, zu Dank verpflichtet, weil sie mir eine Sonderführung gewährte und Teile des Hauses zugänglich machte, die dem Publikumsverkehr üblicherweise nicht offen stehen. Außerdem verdanke ich ihr eine Fülle von Informationen über die Familie Einstein und über die Zeit, die sie in diesem Haus verbracht hat.

Ende Sommer 1998, nachdem ein Großteil der Recherchen für dieses Buch abgeschlossen war und ich mich in der Lage fühlte, die vielen Fäden zu verknüpfen – kosmologische Theorien, astronomische Entdeckungen, die Physik von Gravitation und Raumzeit und Einsteins persönliche Odyssee auf dem Weg zu ihrer Entdeckung –, empfing ich einen Besucher. Es war mein Freund

Carlos F. Barenghi, ein Physiker und Mathematiker von der University of Newcastle in England, der eine Zeit lang bei mir wohnte. Carlos besuchte eine Konferenz über Quantentheorie in den Berkshire Mountains im westlichen Massachusetts. Jeden Abend fuhren wir zusammen nach Hause. Im Auto unterhielten wir uns über Kosmologie und das Rätsel des Universums. Mit Carlos' Hilfe ist es mir gelungen, einige der kosmologischen Argumente in diesem Buch schlüssiger zu formulieren.

Ich danke meinem Verleger John Oakes für seine Unterstützung und Ermutigung, und ich danke dem engagierten Team von Four Walls Eight Windows in New York: Kathryn Belden, Philip Jauch und JillEllyn Riley.

Meine Frau Debra Gross Aczel, die kreatives Schreiben am MIT unterrichtet, hat das Manuskript gelesen und durch ihre Vorschläge das Niveau des Buches gefördert. Debra, ich bin dir dankbar für alles, was du getan hast, und ich danke all den wunderbaren Menschen, die ich in diesem Vorwort erwähnt habe, für ihre Begeisterung, Hilfe, Information und Anregung.

Kapitel 1
Explodierende Sterne

«Es ist außerordentlich bemerkenswert, dass wir tiefsinnige philosophische Fragen mit physikalischen Messungen beantworten.»

Saul Perlmutter

Saul Perlmutter saß in seinem Büro hoch oben in den Hügeln von Berkeley, blickte über die San Francisco Bay und betrachtete den Sonnenuntergang unter der Golden Gate Bridge. Es war ein prächtiger Anblick, die Sonne nahm ein immer intensiveres Rot an und gliederte sich in rechteckige Schichten, die langsam im blaugrauen Meer versanken. Er wusste, warum der Sonnenuntergang rot und der Himmel blau war — Saul Perlmutter ist Astrophysiker. Und genau dieses Phänomen, das auf der Erde so häufig ist und täglich von Millionen Menschen auf Hügeln, an Stränden oder in Restaurants hoch oben in Wolkenkratzern genossen wird, bereitete ihm jetzt Kopfzerbrechen, denn es hatte eine gewisse Bedeutung für die explodierenden Sterne, die er auf halbem Weg zu den Grenzen des beobachtbaren Universums erblickt hatte.

Zehn Jahre lang leitete Saul Perlmutter vom Lawrence Berkeley National Laboratory aus, dem Institut auf den Hügeln über dem Golden Gate, das Forschungsprojekt eines Astronomenteams. Mit modernsten Teleskopen auf Hawaii, in Chile und im Weltraum sammeln die Astronomen elektronische Bilder ferner Galaxien, vieler tausend Galaxien zugleich, und vergleichen die Bilder mit denen derselben Galaxien, die sie drei Wochen zuvor aufgenommen haben. Die Astronomen suchen nach explodierenden Sternen innerhalb dieser sehr fernen Galaxien. Eine Explosion erscheint als relativ heller Lichtfleck auf der Fotografie (in Wirklichkeit ein elektronisches Bild) der Galaxie und fehlt auf dem Bild, das drei

M1: Krebs-Nebel
T. Credner & S. Koble, Universität Bonn, Calar-Alto-Observatorium

Wochen zuvor aufgenommen wurde. Die Wissenschaftler suchen nicht nach gewöhnlichen Explosionen. Sie suchen nach Typ-Ia-Supernovae – die zu den gewaltigsten Explosionen gehören, die je im Kosmos beobachtet wurden.

1054 registrierten chinesische Astronomen einen «Gaststern», der plötzlich in der Nachbarschaft eines Sterns auftauchte, den wir heute Zeta Tauri nennen, die Spitze eines der langen Hörner des Sternbilds Stier. Nach einem Monat war der Stern verschwunden, aber es blieb ein Nebel, der heute in einem Teleskop mittlerer Stärke zu erkennen ist. Dieses schwache, wolkenartige Objekt wird als M1 oder wegen seiner Form auch als Krebs-Nebel bezeichnet. Der Krebs-Nebel ist eine riesige Wolke aus Gas und Staub, die von der Explosion eines alten Sterns übrig blieb und sich seither in den umgebenden Raum ausbreitet. Im Mittelpunkt des Nebels befindet sich der kollabierte Kern des Sterns, ein so genannter Neutronenstern, der eng gebündelte, intensive Strahlung aussendet. Aufgrund der Rotation des Neutronensterns überstreichen uns diese Strahlenbündel in regelmäßigen Abständen. Von der Erde aus gesehen sieht das aus, als sende der Neutronenstern in regelmäßigen Zeitintervallen Energieimpulse zu uns, und daher werden solche Neutronensterne auch *Pulsare* genannt. Insofern war die Bezeichnung «Gaststern» falsch gewählt. Was die Chinesen tatsächlich beobachtet hatten, war das ungeheure Licht der Explosion eines Sterns, der so weit entfernt war, dass er erst zu sehen war, als er im Zuge dieser kosmischen Katastrophe aufstrahlte. Eine solche Explosion bezeichnet man als *Supernova*.

Das Wort *nova* heißt «neu», und eine «Nova» – die plötzliche Lichtentfaltung eines unsichtbaren Sterns – hielt man früher für die Geburt eines neuen Sterns. Heutzutage wissen die Astronomen, dass hinter dem plötzlichen Aufleuchten eines Sterns verschiedene Mechanismen stecken können: Das Aufleuchten, das im heutigen Sprachgebrauch der Astronomen «Nova» heißt, findet statt, wenn ein Weißer Zwerg (eine Erscheinungsform von toten Sternen) Materie von einem ihn umkreisenden Begleiter anzieht und dabei so zum Leuchten bringt, dass sie kurzzeitig sichtbar wird. Eine Supernova ist ein noch weit leuchtkräftigeres Ereignis, von dem wir wissen, dass es durch die Explosion eines Sterns verursacht wird. Ironischerweise bedeutet sie den Tod eines Sterns, nicht seine Geburt. 1987 wurde eine Supernova von modernen Astronomen auf der südlichen Erdhalbkugel beobachtet. Den vielen Daten, die sie dabei sammelten, verdanken wir Aufschluss über diese rätselhaften Explosionen am Nachthimmel. Supernovae wurden in den letzten dreihundert Jahren immer wieder von Astronomen verzeichnet, aber die Explosion von 1987 war die erste, die man mit bloßem Auge erkennen konnte. Es war eine so genannte Typ-II-Supernova, die in folgender Weise zustande kommt: Wenn ein massereicher Stern – sehr viel massereicher als die Sonne – seinen Brennstoff erschöpft hat, das heißt, wenn die Umwandlung von

Wasserstoff in Helium, von Helium in Kohlenstoff und die späteren Kernreaktionen, denen er seine Leuchtkraft verdankt, abgeschlossen sind, hat er dem Gravitationskollaps nichts mehr entgegenzusetzen. Stürzt er dann unter dem eigenen Gewicht zusammen, so löst er damit eine spektakuläre Explosion aus. Je nach seiner Größe nehmen die Überreste des Sterns dann die Gestalt eines dichten, toten Körpers an, eines Neutronensterns (in dem Protonen und Elektronen nicht mehr, wie gewöhnlich, koexistieren können, sondern gezwungen werden, zu Neutronen zu verschmelzen), oder – bei massereicheren Sternen – eines Schwarzen Lochs, des wohl bizarrsten Objekts im Universum. In letzterem Fall ist das Objekt so dicht und seine Gravitationsanziehung so ungeheuer, dass noch nicht einmal das Licht ihr zu entkommen vermag.

Die Supernovae, die Saul Perlmutter und sein Team untersuchten, um das Universum zu verstehen, waren noch einmal etwas anderes. Man könnte sie Super-Supernovae nennen, doch die nüchternen Wissenschaftler bezeichnen sie einfach als Typ-Ia-Supernovae. Eine Typ-Ia-Supernova ist sechsmal so hell wie eine «gewöhnliche» Supernova. Im sichtbaren Spektrum ist eine solche Explosion das hellste Phänomen, das sich im Weltraum beobachten lässt. Eine Typ-Ia-Supernova kann stattfinden, wenn ein Weißer Zwerg, der tote Rest eines Sterns vom gleichen Typ wie unsere Sonne (die auch ein Weißer Zwerg sein wird, wenn sie in fünf Milliarden Jahren ihren Kernbrennstoff aufgebraucht hat), mit einem anderen Stern zusammen einen Doppelstern bildet, das heißt ein System aus zwei Sternen, die sich gegenseitig umkreisen. Der Weiße Zwerg kann Materie, die von seinem Begleiter stammt, zu sich hinziehen und seiner eigenen Masse einverleiben. Gelingt es dem Weißen Zwerg, seine ursprüngliche Masse auf diese Weise um einen Faktor von rund 1,4 zu steigern, kommt es zu einer plötzlichen Explosion von unvorstellbarer Heftigkeit. Bei diesem Supernovatyp wird vom explodierenden Weißen Zwerg Materie in den Weltraum geschleudert und erreicht dabei Geschwindigkeiten, die messbare Bruchteile der Lichtgeschwindigkeit sind.

Die Typ-Ia-Supernova ist so hell, dass sie fast die Leuchtkraft einer ganzen Galaxie besitzt. Die Explosion ist immens – und anhand ihrer Merkmale eindeutig zu identifizieren. Dank letzterer Eigenschaft ist die Suche nach Supernovae zu einem vorrangigen Ziel für alle Astronomen geworden, die die Entfernung und die Fluchtgeschwindigkeit ferner Galaxien messen möchten. Diese explodierenden Sterne sind wie Leuchtfeuer am Himmel, deren absolute Helligkeit die Astronomen kennen. Ihre scheinbare Helligkeit (die beobachtete Helligkeit als Bruchteil der Helligkeit, die zu erwarten wäre, wenn die Explosion ganz in der Nähe innerhalb unserer Galaxie stattfände) sagt den Astronomen dann, wie weit die Heimatgalaxien der Sterne von der Erde entfernt sind.

Astronomen können die Fluchtgeschwindigkeit ferner Galaxien auch durch Messung der Rotverschiebung abschätzen. Rotverschiebung ist die Zunahme der Wellenlänge, die ein Lichtstrahl aufweist, wenn sich seine Quelle vom Beobachter entfernt. Das Prinzip dieses Phänomens ist der Dopplereffekt, den wir alle aus der alltäglichen Erfahrung kennen – die Veränderung der Tonhöhe im Geräusch, sagen wir, des Martinshorns eines Polizei- oder Rettungsfahrzeugs, das an einem Beobachter vorbeirauscht. Beim Licht findet eine vergleichbare Frequenzveränderung statt: Die Wellenlänge der Lichtstrahlen nimmt zu, das heißt bewegt sich zum roten Ende des Spektrums hin, wenn sich die Quelle vom Beobachter entfernt. Dagegen verkürzen sich die Wellenlängen, das heißt verschieben sich zum blauen Ende des Spektrums, wenn sich die Lichtquelle dem Beobachter nähert. Die Allgegenwart der Verschiebung zum roten Ende des Spektrum hin, der Rotverschiebung, wie die Astronomen sagen, liegt an der Expansion des Universums, die Edwin Hubble in den zwanziger Jahren entdeckt hat. Nach dem Hubble'schen Gesetz weicht eine Galaxie umso rascher vor uns zurück, je weiter sie von uns entfernt ist.

Im Frühjahr 1999 hatte Perlmutters Team Daten über achtzig Typ-Ia-Supernovae zusammengetragen. Diese Explosionen ereigneten sich in Galaxien, die viel weiter entfernt waren als diejenigen, die von Hubble und seinen Nachfolgern beobachtet worden waren. Es waren ausnahmslos explodierende Sterne in Galaxien, deren Licht rund sieben Milliarden Jahre unterwegs war, um uns zu erreichen. In einer Galaxie mit ihren Milliarden von Sternen findet eine Typ-Ia-Supernova nur etwa einmal in einem Jahrhundert statt. Wie konnte das Team achtzig solche Bilder erhalten? Der Erfolg war dem Raffinement von Perlmutters Suchtechnik zu verdanken.

Selbst bei einer so geringen Häufigkeit folgt aus den Wahrscheinlichkeitsgesetzen, dass wir nur eine hinreichend große Stichprobe von Galaxien betrachten müssen, um jeden Augenblick explodierende Weiße Zwerge zu erblicken. So würden unter den Zehntausenden von Galaxien, die man gleichzeitig beobachtete, immer etliche sein, in denen gerade eine Supernova stattfindet. Auch die dreiwöchige Wartezeit zwischen zwei aufeinander folgenden Beobachtungen desselben Himmelsabschnitts hatte ihren Grund. Eine Typ-Ia-Supernova leuchtet rund achtzehn Tage lang und verlischt dann im Laufe eines Monats. Infolge der Zeitdilatation (eine Folge der speziellen Relativitätstheorie, da diese Galaxien sich mit etwa der halben Lichtgeschwindigkeit von uns entfernen) hat es für uns auf der Erde den Anschein, als würden die Supernovae ihre Leuchtkraft größtenteils über einen Zeitraum von drei Wochen entfalten. Die Beobachtung ferner Galaxien in Zeitabständen von drei Wochen ermöglichte den Astronomen also, die Supernovae «einzufangen» und zu untersuchen, die in dem Zeitraum zwischen den beiden elektronischen Bildern stattgefunden hatten.

Doch als Perlmutter nur aus dem Fenster über die Bucht auf die verschwindende Sonne und den vom Golden Gate herantreibenden Nebel blickte, war er tieftraurig. Es gab da einen Aspekt, den er nicht verstand. Seitdem die Urknalltheorie in den zwanziger Jahren als Erklärung für die Expansion des Universums vorgeschlagen worden war, hatte man verschiedene Theorien entwickelt, um zu erläutern, was geschehen war, wie es geschehen war und wie die Zukunft des Universums aussehen würde. Einsteins Gleichungen sagten mehrere Szenarien vorher.

Erstens, das Universum könnte so viel Masse enthalten, deren Anziehungskraft seinen Expansionsbestrebungen entgegenwirkt, dass die Expansion irgendwann einmal zum Stillstand kommen und das Universum anschließend wieder in sich zusammenstürzen würde. Zweitens, das Universum könnte seine Expansion zwar nach und nach verlangsamen, ohne dabei seinen ursprünglichen Schwung ganz zu verlieren, sodass die Expansion ewig andauerte. Wissenschaft und Öffentlichkeit schienen das erste Szenario zu favorisieren. Philosophisch gesehen hatte die Vorstellung etwas Tröstliches, dass die Sonne zwar in rund fünf Milliarden Jahren sterben mochte, dass das Universum aber kollabieren und vielleicht – nach Durchlaufen eines vollständigen Zyklus von der Urknall-Geburt bis zum Endkollaps-Tod – in einer neuen Urknall-Explosion wiedergeboren würde, um eine neue Erde und neues Leben hervorzubringen.

Eine ewig andauernde Expansion schien zwar möglich, wurde von den meisten Wissenschaftlern aber als wenig wahrscheinlich angesehen. Und noch unwahrscheinlicher schienen Variationen der kosmischen Modelle, in denen das Universum nicht nur bis in alle Ewigkeiten expandiert, sondern seine Expansion zudem noch beschleunigt. Trotzdem konnte Perlmutter nicht unberücksichtigt lassen, was aus seinen Daten hervorging, und musste sich mit dieser unerwarteten Möglichkeit auseinander setzen. Die fernen Supernovae – und mit ihnen natürlich ihre Heimatgalaxien – entfernten sich mit Geschwindigkeiten von der Erde, die *langsamer* als erwartet waren. Ihr Tempo war geringer als die Fluchtgeschwindigkeiten der *näher gelegenen* Galaxien. Das konnte, so Perlmutters Schluss, nur eines bedeuten: Das Universum beschleunigt seine Expansion.

Der Grund für diesen verblüffenden Befund liegt nicht auf der Hand. Er hat mit dem Konzept der *Zeit* zu tun. Es folgt eine vereinfachte Erklärung, die einige Einzelheiten übergeht. Wenn ein

Astronom eine Galaxie beobachtet, die sieben Milliarden Lichtjahre entfernt ist, sieht er die Galaxie in dem Zustand, in dem sie war, als ihr Licht die lange Reise bis zu uns begann, also vor sieben Milliarden Jahren. Folglich ist die Geschwindigkeit, die man aus der beobachteten Rotverschiebung für die Galaxie errechnet, die Geschwindigkeit, mit der sich die Galaxie *vor sieben Milliarden Jahren* von uns fortbewegte. Entsprechend gilt, die Fluchtgeschwindigkeit einer Galaxie, die eine Entfernung von einer Milliarde Lichtjahren aufweist, ist die Expansionsgeschwindigkeit vor einer Milliarde Jahren. Wenn sich nun die ferne Galaxie mit geringerer Geschwindigkeit von uns fortbewegt als näher gelegene Galaxien, war die Fluchtgeschwindigkeit – die Expansionsrate des Universums – vor sieben Milliarden Jahren langsamer als die Expansionsrate vor einer Milliarde Jahren.[1] Mit anderen Worten, das Universum beschleunigt seine Expansion.

Perlmutter war wie vor den Kopf gestoßen. Vor einigen Jahren hatte er das ganze Projekt in der Hoffnung begonnen, die *Verlangsamung* der kosmischen Expansion zu messen – er hatte nie wirklich damit gerechnet, dass unser Universum immer *schneller* expandieren könnte. Diese Schlussfolgerung hatte etwas höchst Bestürzendes. Das war der Zeitpunkt, da Perlmutter begann, sich über den Sonnenuntergang, den er betrachtete, den Kopf zu zerbrechen. Sonnenenuntergänge sind rot, der Himmel ist blau – die Erklärung des Himmelsblaus durch die Rayleigh-Streuung kann jeder Physikstudent im ersten Semester herbeten. Die Atmosphäre absorbiert das weiße Lichtspektrum in unterschiedlichem Maße, je nach der Lichtfrequenz. Rotes Licht mit seiner niedrigen Frequenz und großen Wellenlänge gelangt leichter durch die Staub- und Luftteilchen als blaues Licht. Perlmutter ist ein gewissenhafter Wissenschaftler, und jeder Wissenschaftler muss nach möglichen Fehlern in seinen Daten Ausschau halten. In besonderem Maße gilt das für einen Wissenschaftler, der sich anschickt, eine sensationelle These über das Universum zu verkünden – möglicherweise die wichtigste astronomische Erkenntnis, seit Hubble vor fast siebzig Jahren seine Entdeckung gemacht hat.

Was Saul Perlmutter zusätzlich verwirrte, war die scheinbar außergewöhnliche Qualität der Daten. Halb und halb hatte er erwartet, dass seine Daten durch die üblichen Beobachtungsfehler beeinträchtigt sein würden. Die fernen Galaxien, die sein Team beobachtet hatte, hätten mit Staub durchsetzt sein müssen, ähnlich dem Staub, den wir in unserer Milchstraße entdecken. Infolge der Staubteilchen wären die alten explodierenden Sterne, die das Team beobachtete, rot erschienen wie der Sonnenuntergang, doch die Supernovae waren hell im gesamten sichtbaren Spektrum (die Rotverschiebung außer Acht gelassen, denn sie verschiebt alle Linien im Spektrum eines Sterns gleichmäßig). Daran erkannte Perlmutter, dass es wenig oder keinen Staub zwischen den Beobachtern auf der Erde und ihren explodierenden Sternen auf der halben Strecke bis zum Urknall gab, daher waren die Beobachtungen von außergewöhnlicher Qualität. Was die Daten mitteilten, ließ sich nicht bestreiten – das Universum expandiert immer rascher und rascher. Und daraus folgte etwas Erschreckendes: Unser Universum ist unendlich.

«Stellen Sie sich ein Gitter in drei Dimensionen vor», meinte Perlmutter zu mir, kurz nachdem seine Gruppe ihre außergewöhnlichen Ergebnisse bekannt gegeben hatte. «In jeder Ecke befindet sich eine Galaxie, und nun stellen Sie sich vor, dass das Gitter wächst. Die Entfernungen zwischen unserer Ecke, unserer Galaxie, und allen anderen Ecken des Gitters nehmen unablässig zu.» Die Zuwachsrate – die Rate, mit der zwischen jeder Ecke und ihren Nachbarn Raum geschaffen wird – beschleunigt sich. Da Raum immer schneller und schneller geschaffen wird, ist er nicht aufzuhalten und wird seine Expansion ewig fortsetzen. In einer Milliarde von Jahren werden die Abstände zwischen uns und den fernen Galaxien viel größer sein, und wieder eine Milliarde Jahre später werden sie noch stärker angewachsen sein als in der ersten Milliarde Jahre. So wird es ewig weitergehen.[2]

Die Daten schienen frei von Fehlern zu sein, und ihre Bedeutung war unmissverständlich. Es war Zeit, die Menschheit von der Neuigkeit in Kenntnis zu setzen. Das geschah im Januar 1998 auf einem Treffen der American Astronomical Society.[3] Alle waren verblüfft. Ein unendliches, immer rascher expandierendes Universum entsprach nicht den Erwartungen der Menschen. Sogar viele Wissenschaftler hatten insgeheim auf ein sich selbst erneuerndes Universum, auf einander ablösende Zeitalter von Expansion und Kollaps gehofft – auf einen kosmischen Garten im Wechsel seiner Jahreszeiten. Stattdessen schien das Universum nun verdammt zu sein, immer weiter zu expandieren und allmählich zu verlöschen.[4] Sterne würden ihren Brennstoff aufzehren und in Supernovae explodieren oder ihre Atmosphären als planetarischen Nebel abwerfen. In unserer Galaxie werden neue Sterne aus den Überresten toter Sterne geboren. Die Vielfalt der chemischen Elemente, die im Inneren sterbender Sterne erzeugt werden, ist die Voraussetzung für die Entwicklung von Leben. Aber wenn die Expansion fortdauern und die Dichte des Raums weiterhin abnehmen sollte, würde sich das Universum schließlich nach Billionen von Jahren in einen stellaren Friedhof von Neutronensternen und Schwarzen Löchern verwandeln.

Was die Wissenschaftler so verwirrte, war die Frage: Warum? Wie ließen sich die unerwarteten neuen Befunde erklären? Die Antwort musste offenbar lauten, dass es noch eine andere geheimnisvolle Kraft im Universum gab – etwas, was sich nicht direkt beobachten ließ. Dieses Etwas, das die Physiker negativen Druck, Vakuumenergie oder einfach eine «kosmische Energie» nennen, würde der Anziehungskraft der Gravitation entgegenwirken. Irgendetwas ist dort draußen, was die Galaxien forttreibt – ihr allgemeines Auseinanderdriften beschleunigt.

Auf der Konferenz im Januar 1998, auf der Perlmutter die erstaunlichen Ergebnisse seines Teams bekannt gab, legten andere Forscher Ergebnisse vor – mittels eigener Analyseverfahren erzielt –, die die gleichen überraschenden Schlussfolgerungen nahe legten. Die Astronomen Neta Bahcall und Xiaohui Fan von der Princeton University, die umfangreiche, mehrere Milliarden Lichtjahre entfernte Galaxienhaufen untersucht hatten, gaben Ergebnisse bekannt, die ebenfalls auf ein auf ewig weiterexpandierendes Universum schließen ließen. Anhand von Daten über die Massendichte der Galaxienhaufen, die sie mit drei verschiedenen Techniken ermittelt hatten, stellten Neta Bahcall und ihre Kollegen fest, dass wir in einem leichtgewichtigen Universum leben. Alle ihre Studien sprachen unabhängig voneinander dafür, dass das Universum nur zwanzig Prozent der Massendichte aufweist, die erforderlich wäre, um einen Endkollaps als Vorbereitung eines neuen Urknalls herbeizuführen.

Eric Guerra und Ruth Daly, ebenfalls von der Princeton University, erzielten ähnliche 'Ergebnisse, als sie vierzehn Radiogalaxien untersuchten. Ihre Analyse ließ ebenfalls darauf schließen, dass die Masse des Universums wahrscheinlich kleiner ist, als erforderlich wäre, um die Expansion eines Tages in ferner Zukunft zum Stillstand zu bringen. Alle diese auf dem Treffen vorgelegten Ergebnisse erweckten ein gespenstisches wissenschaftliches Konzept zu neuem Leben, von dem man meinte, es sei schon vor langer Zeit endgültig im Papierkorb der Geschichte gelandet.

* * *

Kosmologen und Astronomen beriefen in aller Eile eine Tagung ein, um die neuen Ergebnisse am Fermi National Accelerator Laboratory (abgekürzt Fermilab) bei Chicago zu erörtern. Sie fand am 4. Mai 1998 statt und wurde von Paul Steinhardt organisiert, einem begabten jungen Kosmologen, der heute an der Princeton University lehrt. Aus aller Welt kamen verblüffte Forscher nach Chicago, um die Berichte über die Beschleunigung der kosmischen Expansion zu diskutieren und der Frage nachzugehen, ob das Universum tatsächlich zu wenig Masse enthalte. Ließen sich irgendwelche Gleichungen finden, die in der Lage waren, die neuen Daten zu erklären? Einsteins Feldgleichungen der Gravitation waren der naturgegebene Kandidat für diese Aufgabe. Doch sie würden nicht die Beschleunigung der Expansion erklären – wenn nicht ein alter Term, der von seinem Urheber selbst wieder aus der Gleichung hinausbefördert worden war und später als «Einsteins größte Eselei» in die Geschichte einging, wieder in die Gleichung eingeführt wurde. Die kosmologische Konstante war wieder da.

Kapitel 2
Der frühe Einstein

«Raffiniert ist der Herrgott, aber boshaft ist er nicht.»[1]

Die kosmologische Konstante war ein Element, das Einstein nachträglich in die Feldgleichungen der Gravitation einführte – und später wieder aus ihr entfernte. Diese Feldgleichungen waren das Herzstück seiner Arbeit, der Kulminationspunkt der allgemeinen Relativitätstheorie, die er im zweiten Jahrzehnt des 20. Jahrhunderts entwickelte. Die Gleichung besaß ein solches Erklärungsvermögen, verriet so viel Einsicht in die Naturgesetze, von denen vor Einstein niemand etwas geahnt hatte, dass sie in ihrer Hellsichtigkeit geradezu unheimlich erschien. In jedem Jahrzehnt seit ihrer Geburt hat die Gleichung ihre Wahrheit immer wieder auf unerwartete Weise unter Beweis gestellt. Wie konnte ein einziger Mensch die Geheimnisse unseres Universums so gründlich verstehen?

Albert Einstein (1879–1955) wurde am 14. März 1879 in Ulm geboren. Seine Eltern gehörten der jüdischen Mittelschicht an, und ihre Vorfahren lebten seit vielen Generationen in dieser Gegend. Als Einstein noch im Kleinkindalter war, zog die Familie nach München. Dort besaß der Vater Hermann Einstein (1847–1902) zusammen mit seinem Bruder, der bei der Familie lebte, eine kleine «Elektrotechnische Fabrik». Hermann kümmerte sich um die kaufmännische Seite des Unternehmens, während sein Bruder der technische Direktor war. Alberts Mutter war Pauline (Koch) Einstein (1858–1920). Außerdem hatten die Einsteins noch eine jüngere Tochter – Maja.

Von früher Jugend an zeigte Albert großes Interesse für seine

Umwelt. Als er fünf Jahre alt war, schenkte ihm sein Vater einen Kompass, der das Kind völlig verzauberte, weil die Nadel einem unsichtbaren Feld folgte und immer in Richtung des Nordpols zeigte. Später meinte Einstein, dieses Erlebnis könne dazu beigetragen haben, dass er sich so intensiv mit dem Gravitationsfeld auseinander gesetzt habe. Vom sechsten bis zum dreizehnten Lebensjahr nahm Einstein Geigenunterricht auf Drängen seiner Mutter, die sehr musikalisch war. Er wurde ein guter Geiger und blieb dem Instrument sein Leben lang treu. Von 1885 bis 1888 besuchte er die Volksschule in München. Da es sich um eine katholische Schule handelte, wurde er zu Hause im jüdischen Glauben unterrichtet, obwohl die Familie nicht sehr religiös war. Ab 1888 besuchte Einstein das Luitpold-Gymnasium in München, das im Zweiten Weltkrieg zerstört wurde. Es wurde an anderer Stelle wiederaufgebaut und in Albert-Einstein-Gymnasium umbenannt.

Am Gymnasium entwickelte Einstein seine Abneigung und sein Misstrauen gegen Autorität – eine Eigenschaft, die er sein Leben lang behalten sollte. Später einmal hat er die Lehrer an der Volksschule mit Feldwebeln und am Gymnasium mit Leutnants verglichen. Diese tiefe Abneigung gegen die preußische Autorität und Disziplin veranlassten den jungen Albert einige Jahre später, auf die deutsche Staatsbürgerschaft zu verzichten und sich um die schweizerische zu bemühen. Die Methoden, die am Gymnasium herrschten, die Pädagogik von Furcht und Zwang, brachten Einstein dazu, Autorität überhaupt infrage zu stellen, und mit ihr alle überkommenen Glaubenssysteme – ein Umstand, der, wie einige Biographen meinen, auch seine wissenschaftliche Entwicklung bestimmt haben könnte. 1891 kam es zu einem weiteren prägenden Ereignis, das wie die Begegnung mit dem Kompass tiefen Einfluss auf Einstein hatte. Im Rahmen des Unterrichts erhielt er ein Lehrbuch über euklidische Geometrie. Einstein bekam es noch in den Ferien und las es staunend durch. Die Axiome der euklidischen Geometrie beeindruckten ihn tief. Zwei Jahrzehnte später hatte er eine revolutionäre Theorie entwickelt, die sich auf die Auffassung gründete, der Raum, in dem wir leben, sei nichteuklidisch.

1894 zog Einsteins Familie nach Italien. Sein Vater hoffte, nach dem Scheitern der Münchener Firma dort ein erfolgreicheres Unternehmen gründen zu können. Maja nahmen die Eltern mit, aber Albert ließen sie in der Obhut entfernter Verwandter zurück, damit er das Gymnasium in München beendete. Doch Einstein beschloss aus eigenem Antrieb, die Schule zu verlassen und seinen Eltern nach Italien nachzureisen. Er konnte die strenge, willkürliche Disziplin des Gymnasiums nicht mehr ertragen, und ihn langweilten die altphilologischen Schwerpunkte, die der Lehrplan setzte: Altgriechisch und Latein. Er wollte Mathematik und Physik lernen – Fächer, für die er sich seit der Kindheit interessierte. Nach einem halben Jahr organisierte Einstein seine Flucht. Er besorgte sich ein ärztliches Attest, das ihm einen Nervenzusammenbruch bescheinigte und eine Reise zu seinen Eltern nach Italien empfahl. Offenbar ließ ihn die Schule gerne ziehen, denn sein Verhalten störte die allgemeine Ordnung.

Einstein gefiel es in Italien ausnehmend gut. Die Lebensart – die Wertschätzung der Dinge, die das Leben lebenswert machen – stand in scharfem Gegensatz zu der preußischen Ordnung, die ihm so gegen den Strich ging. Und er war hingerissen von den wunderbaren Kunstwerken, die er in Norditaliens Museen kennen lernte. Einstein wanderte sogar von Mailand aus, wo seine Familie lebte, über den Apennin bis nach Genua an der ligurischen Küste des Mittelmeers. Doch Hermann Einsteins Firma erlitt abermals Schiffbruch, daher musste er seinen Sohn unsanft an die raue Wirklichkeit erinnern und ihn drängen, einen Schulabschluss zu machen, der ihm erlaubte, seine Ausbildung abzuschließen und seinen Lebensunterhalt selbst zu verdienen. Der junge Albert glaubte, seine ausgezeichneten mathematischen und physikalischen Kenntnisse würden ihm auch ohne das Reifezeugnis den Zugang zu einem Universitätsstudium eröffnen. Doch da irrte er sich – es zeigte sich rasch, dass er ohne Abitur nichts erreichen würde.

1895 fiel Einstein durch die Aufnahmeprüfung der Eidgenössischen Technischen Hochschule (ETH), an der er sich hatte einschreiben wollen, indem er eine Prüfung ablegte, statt die Reifeprüfung nachzuholen. Zwar schnitt er in Mathematik außerordentlich gut ab, doch seine Kenntnisse in anderen Fächern – Sprachen, Botanik und Zoologie – entsprachen nicht den Anforderungen der Hochschule. Trotzdem zeigte sich der Direktor der ETH von den mathematischen Kenntnissen des jungen Mannes beeindruckt und schlug vor, er solle die Kantonsschule in Aarau besuchen, um dort die erforderliche Hochschulreife zu erwerben. Einstein begann den Unterricht an der Schule in Aarau mit sehr gemischten Gefühlen – das Trauma seiner deutschen Gymnasialzeit steckte ihm noch in den Knochen. Doch zu seiner Überraschung war die Schweizer Schule ganz anders. Hier herrschte keine militärische Disziplin wie an der deutschen Schule, er konnte entspannt seinen Studien nachgehen und Freundschaften schließen. Er lebte im Haushalt eines seiner Lehrer und war eng befreundet mit dessen Sohn und Tochter, mit denen er Bergtouren unternahm. Nach einem Jahr in der Kantonsschule in Aarau erwarb Einstein die Hochschulreife und bewarb sich an der ETH, an der er jetzt zugelassen wurde. Als Studienfächer wählte er Mathematik und Physik und hatte vor, Lehrer zu werden. Ihn faszinierte die Vorstellung, die natürliche Welt mit exakten mathematischen Ausdrücken zu erklären. Für ihn war die Physik eine Wissenschaft, in der es darum ging, die Wirklichkeit mit einer eleganten mathematischen Gleichung einzufangen.

Am 29. Oktober 1896 zog Einstein nach Zürich und schrieb sich an der ETH ein. Hier begegnete er zwei Menschen, die in seinem Leben eine wichtige Rolle spielen sollten: Mileva Maric – die später seine erste Frau wurde – und Marcel Grossmann, ein Mathematiker, dessen Arbeit Einstein half, in den Jahren nach seinem Diplom die Relativitätstheorie zu entwickeln. Im zweiten Jahr an der ETH begegnete Einstein auch Michele Angelo Besso, mit dem ihn eine lebenslange Freundschaft verband und der Einstein als Resonanzboden diente, als dieser die ersten Ideen der speziellen Relativitätstheorie entwickelte.

Während seines ersten Studienjahrs an der ETH nahm Albert Einstein einen entscheidenden Richtungswechsel seiner wissenschaftlichen Laufbahn vor. Bis dahin hatte er sich vor allem für Mathematik interessiert und war stolz auf seine Kenntnisse in dieser Disziplin gewesen. Doch an der Technischen Hochschule entdeckte er, dass er sich in erster Linie für Physik interessierte und dass die Mathematik einfach eine Methode war, um die physikalischen Gesetze zu quantifizieren. Sie ermöglichte es, die Gesetze des Universums, die man mit physikalischen Methoden entdeckte, auf exakte Weise auszudrücken. Doch mit dem Studium an der ETH war Einstein keineswegs zufrieden. Die Physikprofessoren lehrten veraltete Theorien und gingen auf neuere Entwicklungen ihrer Wissenschaft nicht ein. Also begann Einstein das zu tun, was er dann sein ganzes Leben lang tat – er eignete sich die Theorien durch unabhängige Lektüre und Studien an. Infolgedessen besuchte er die Vorlesungen nicht mit der gebotenen Regelmäßigkeit und brachte viele Professoren gegen sich auf. In der Mathematik stellte sich die Situation noch schlimmer dar. Nachdem Einstein entschieden hatte, dass die Mathematik für ihn nur ein Vehikel und keine Disziplin sei, die um ihrer selbst willen zu betreiben sei, studierte er sie nur noch sehr nachlässig. Das zeigte sich sehr deutlich in den Vorlesungen von Hermann Minkowski (1909–1964), einem namhaften Mathematiker russischer Abstammung. Minkowski war so verärgert über die anmaßende Haltung, die der junge Student in seinen Kursen zur Schau trug, dass er ihn später einen «faulen Hund» nannte. Doch wie das Schicksal so spielt, als Einstein einige Jahre nach seinem Diplom an der ETH die spezielle Relativitätstheorie entwickelte, erschloss ausgerechnet Minkowski ein vollkommen neues Gebiet der Mathematik, mit dem sich die Physik der Relativitätstheorie beschreiben ließ.

Die Nachlässigkeit, mit der Einstein seinen Studien an der ETH nachging, fiel auf ihn zurück, als er sein Diplom abgelegt hatte. Wie jeder Student heute weiß, ist es zwar wichtig, die Kurse zu besuchen und gute Noten zu bekommen, doch mindestens in gleichem Maße hängt die wissenschaftliche Karriere noch von einem weiteren Faktor ab – der Fähigkeit, hervorragende Empfehlungsschreiben von Professoren zu bekommen. Zu Einsteins Zeit war diese Notwendigkeit sogar noch größer. Um eine Anstellung an einer angesehenen Universität zu erhalten, brauchte ein Student die Empfehlung eines Professors, bei dem er als Assistent gearbeitet hatte. Doch zu Einsteins großer Enttäuschung war nicht ein einziger seiner Professoren bereit, ihn als Assistenten einzustellen. Er musste die ETH verlassen und sich eine Stellung als Lehrer oder Hauslehrer suchen. Verschärft wurde seine Situation noch durch die finanziellen Schwierigkeiten seines Vaters und die Unfähigkeit der Familie, ihn zu unterstützen, während er nach einer Stellung suchte.

Sein Diplom an der ETH legte Einstein im Sommer 1900 ab, aber da er keine Assistentenstelle bekam, musste er sich nach einer anderen Möglichkeit umsehen, seinen Lebensunterhalt zu verdienen. Während der folgenden Jahre bekleidete er darum in der Schweiz Aushilfsstellungen als Lehrer, die aber nie längerfristig waren.

Am 16. Juni 1902 wurde Albert Einstein, der seit einem Jahr die Schweizer Staatsbürgerschaft besaß, eine Stelle am Schweizer Patentamt in Bern angeboten, eine Position, die ihm der Vater seines guten Freundes Marcel Grossmann verschaffte. Die Anstellung war zunächst vorläufig, doch 1904 wurde sie in eine unbefristete Stelle umgewandelt, und er erhielt den Rang eines «Experten III. Klasse». In dieser Eigenschaft musste er die Stichhaltigkeit von Patentanträgen beurteilen. In den vergangenen zwei Jahren hatte es große Veränderungen in Alberts Leben gegeben. 1902 war sein Vater in Mailand gestorben, und 1903 hatte er Mileva geheiratet. Mileva war ihm nach Bern gefolgt, wo sie gegen den Widerstand der Mutter heirateten, die seine Verlobte nicht mochte.

Das Schweizer Patentamt bot dem jungen Wissenschaftler interessante Möglichkeiten. Die Arbeit schien ihm Spaß zu machen. Sein ganzes Leben lang bastelte Einstein mit großem Vergnügen an Geräten herum, die für bestimmte Zwecke erfunden worden waren, und versuchte ihre Brauchbarkeit einzuschätzen. Sein Posten ließ ihm viel Zeit – Zeit, die er intensiv für Studium und Forschung nutzte. Später empfahl er jungen Wissenschaftlern, sich eine bescheidene oder «ungeistige» Tätigkeit zu suchen, die ihnen genügend Zeit zur Forschung lasse, statt eine traditionelle Universitätslaufbahn einzuschlagen, wo sie von Lehre, organisatorischen Aufgaben und Universitätspolitik in Anspruch genommen würden.

Einen Großteil seiner Zeit im Schweizer Patentamt verbrachte Einstein mit Lektüre und privaten Studien. Im Gegensatz zu den Behauptungen einiger seiner Biographen waren ihm die Arbeiten seiner Zeitgenossen und früherer Physiker und Vertreter anderer Disziplinen durchaus bekannt. Er las auch die Werke bekannter Philosophen, unter anderen Immanuel Kant, Auguste Comte, David Hume und Nietzsche. In der Physik hatten vor allem die Werke von Galileo Galilei (1564–1642), Ernst Mach (1838–1916) und James Clerk Maxwell (1831–1879) Einfluss auf ihn. Galilei hat als Erster die Relativität bewegter Systeme untersucht, und in seiner späteren Arbeit griff Einstein häufig auf Galileis Bezugssysteme zurück. Der österreichische Physiker Ernst Mach führte gründliche Analysen der Mechanik von Isaac Newton (1643–1727) durch. Mach beschrieb, wie Newton die Beobachtungen von Bewegungen mit Hilfe einiger einfacher Prinzipien organisierte, aus denen er dann Vorhersagen ableitete. Aber Mach fragte auch, ob diese Vorhersagen nur so lange richtig seien, wie die von Newton beschriebenen Erfahrungen richtig seien. In der Wissenschaft, so Mach, müssten wir uns an eine Ökonomie des Denkens halten – Modelle konstruieren, die sparsam seien und so wenig Parameter wie möglich hätten. Das ist die mathematische Form von Ockhams Rasiermesser, dem bekannten Grundsatz, dass die einfachste Theorie die besten Aussichten hat, richtig zu sein. Für die Mathematik bedeutet das, man muss das einfachste Modell oder die einfachste Gleichung wählen, um irgendein Phänomen in der Natur zu beschreiben. In einer Weise, die schon auf Einsteins wichtigste Arbeit vorausdeutete, kritisierte Mach Newton, weil er die Begriffe eines absoluten Raums und einer absoluten Zeit zugrunde gelegt hat. So gesehen ist Machs Wissenschaftsphilosophie relativistisch. Allerdings war er ein früher Gegner der Atomtheorie, weil sich die Existenz von Atomen damals (in den siebziger Jahren des 19. Jahrhunderts) noch nicht durch direkte Beobachtungen beweisen ließ. Mach verlangte, dass alle wissenschaftlichen Schlussfolgerungen durch physikalische Beobachtungen gewonnen werden müssten. Beeindruckt von Machs Beharren auf der Empirie machte sich Einstein daran, selbst bislang als selbstverständlich vorausgesetzte Begriffe wie den der Gleichzeitigkeit zu hinterfragen und auf eine empirische Grundlage zu stellen.

Vor allem aber wurde Einsteins Arbeit von dem schottischen Physiker James Clerk Maxwell beeinflusst. Maxwell entwickelte das Konzept des *Feldes*, das für Albert Einsteins Werk entscheidende Bedeutung hat. Maxwells Theorie erklärte die elektromagnetischen Phänomene durch ein Gleichungssystem, das ein Kräftefeld beschrieb – wie es beispielsweise die Linien darstellen, die wir sehen, wenn wir einen Magneten unter ein Stück Papier halten, auf dem wir Eisenfeilspäne verstreuen. Die Späne ordnen sich zwischen den Magnetpolen zu einem bestimmten Muster an. Die sichtbaren Muster sind ein Bild des magnetischen Feldes, das von einem Magneten erzeugt wird. Maxwells Werk bot der Wissenschaft die Möglichkeit, sich von so fiktiven Konzepten wie dem Äther zu befreien, den man für das unsichtbare Medium hielt, durch welches sich das Licht im Raum bewegte. Maxwells Arbeit kann als Vorläufer der Einstein'schen Relativitätstheorie betrachtet werden, in der Felder grundlegende Elemente darstellen. Doch auch andere Wissenschaftler trugen zu jenem Wissensvorrat bei, aus dem er schöpfte, als er während seiner Zeit am Schweizer Patentamt die spezielle Relativitätstheorie entwickelte. Dazu gehörten Heinrich Hertz (1857–1894), der holländische Physiker Hendrik Lorentz (1853–1928), dessen Arbeit über Transformationen entscheidende Bedeutung für die Mathematik der speziellen Relativitätstheorie gewann, der große französische Mathematiker Henri Poincaré (1854–1912) und viele andere.

Einstein hat die spezielle Relativitätstheorie 1905 veröffentlicht, in einem Jahr, in dem er noch drei weitere bahnbrechende Arbeiten abschloss und veröffentlichte: Artikel über die Brown'sche Molekularbewegung, die Lichtquantentheorie und seine Dissertation über Moleküldimensionen. Einsteins Arbeit über die Relativitätstheorie veränderte unseren Begriff von Bewegung, Raum und Zeit. Fortan konnte man den Raum nie wieder als absolut betrachten, sondern immer nur relativ zum eigenen Bezugssystem. Die Idee der Bezugssysteme nahm ein ähnliches Konzept auf, das Galilei schon dreihundert Jahre vorher erwogen hatte. Galilei hatte überlegt, was mit einer Kugel sei, die man von der Mastspitze eines Schiffes fallen lasse, im Vergleich zu einer Kugel, die man aus gleicher Höhe auf Land fallen lasse. Im ersten Fall bewegt sich das Bezugssystem – das Schiff –, während im zweiten Fall das Bezugssystem – das feste Land – unbewegt sei. Was würde mit der Kugel geschehen?, fragte Galilei. Würde sie auf dem bewegten Schiff gerade herabfallen, oder würde sie sich nach hinten bewegen, als hätte man sie auf festen Boden fallen lassen? Einstein griff sein Konzept der bewegten Bezugssysteme auf und wandte es auf Neuland an – Objekte, die sich fast mit Lichtgeschwindigkeit bewegen.

In dieser neuen relativistischen Welt, die Einstein uns erschlossen hat, gibt es nur eine absolute Größe: die Lichtgeschwindigkeit. Alles andere ordnet sich dieser letzten Geschwindigkeitsgrenze unter. Raum und Zeit vereinigen sich zur Raumzeit. Ein Zwilling, der eine Reise in einem schnellen Raumschiff absolvierte, würde nachweislich langsamer altern als der andere Zwilling, der auf der Erde zurückbliebe. Bewegte Objekte erscheinen verändert, und die Zeit dehnt sich, wenn sich die Geschwindigkeit eines Körpers der des Lichts annähert. Die Zeit verlangsamt sich. Wenn sich irgendetwas rascher als das Licht bewegen könnte, was die Relativitätstheorie verbietet, gäbe es Beobachter, aus deren Sicht es sich in die Vergangenheit bewegen würde. Raum und Zeit sind nicht mehr starr – sie sind plastisch und richten sich danach, wie nahe ein Objekt der Lichtgeschwindigkeit kommt.

Die Absolutheit und Universalität der Zeit war ein geheiligtes Dogma der Physik, das bis zu diesem Zeitpunkt noch niemand infrage zu stellen gewagt hatte. Demzufolge war die Zeit überall die gleiche und der Zeitfluss konstant. Einstein wies nach, dass diese Annahmen schlicht und einfach falsch waren. Die einzige konstante Größe ist die Lichtgeschwindigkeit – alles andere, Raum und Zeit, ordnen sich dieser universellen Konstante unter. Einsteins spezielle Relativitätstheorie machte eines der verwirrendsten negativen Experimentalergebnisse in der Geschichte der Wissenschaft verständlich: Michelsons und Morleys Suche nach dem Äther.

James Clerk Maxwell, der so viel für das Verständnis der Physik geleistet hatte und dessen Theorie Einstein entscheidend beeinflusste, war wie viele Wissenschaftler der vorrelativistischen Welt von der Äthertheorie überzeugt, die die alten Griechen in die Welt gesetzt hatten. Doch was war dieser Äther? Man glaubte, dass Licht und andere elektromagnetische Strahlung irgendein Medium brauchten, in dem sie sich ausbreiten könnten. Noch nie hatte jemand ein solches Medium gesehen oder gefühlt, doch in irgendeiner Form, dessen war man sich sicher, musste es existieren. Diese Annahme war so verbreitet, dass auch angesehene Wissenschaftler sie sehr ernst nahmen. Einer von ihnen war Albert A. Michelson (1852–1931), ein namhafter amerikanischer Physiker, der 1881 in einem Berliner Institut arbeitete und auf das Problem aufmerksam wurde, als er einen Brief las, den Maxwell 1879 geschrieben hatte. Darin hatte dieser die Frage gestellt, ob sich wohl mit Hilfe astronomischer Messungen die Geschwindigkeit des

Sonnensystems relativ zum Äther feststellen lasse. Michelson war ein Experte in der Messung der Lichtgeschwindigkeit. Er war fasziniert und führte eine Reihe von Experimenten durch, um Veränderungen in der Lichtgeschwindigkeit zu ermitteln, die auf eine Ätherdrift schließen ließen. Die meisten dieser Experimente unternahm er 1886 gemeinsam mit dem amerikanischen Chemiker Edward W. Morley (1838–1923), nachdem er in die Vereinigten Staaten zurückgekehrt war. Michelson und Morley verglichen die Lichtgeschwindigkeit zweier senkrecht zueinander verlaufender Lichtstrahlen. Bewegte sich die Erde relativ zum Lichtäther, dann waren im Vergleich der beiden Lichtstrahlen gewisse Geschwindigkeitsunterschiede zu erwarten. Doch die erwarteten Unterschiede blieben aus – es gab keine Ätherdrift und anscheinend auch keinen Äther. 1907 erhielt Michelson als erster amerikanischer Wissenschaftler den Nobelpreis. Inzwischen hatte Einsteins spezielle Relativitätstheorie der Welt vor Augen geführt, *warum* Michelson und Morley ihr unerwartetes Ergebnis erzielt hatten.

Es ist nicht genau bekannt, wann Einstein vom Michelson-Morley-Experiment erfahren hat, das zu dem überraschenden Ergebnis gelangt war, dass sich keine Veränderung der Lichtgeschwindigkeit ergibt, egal, ob man sie mit oder gegen die Erdrotation misst. Einstein orientierte sich an rein theoretischen Erwägungen, seinen «Gedankenexperimenten», um zu beweisen, dass die Lichtgeschwindigkeit konstant bleibt, egal, wie schnell sich die Lichtquelle auf den Beobachter zu- oder von ihm fortbewegt. Einstein-Biograph Albrecht Fölsing beschreibt den Tag Mitte Mai 1905, als Einstein im Patentamt in Bern endlich das Prinzip der speziellen Relativitätstheorie klar wurde. Es war ein schöner Tag, wie Einstein 1922 in einem Vortrag in Kioto berichtete. Viele Stunden hatte er die Probleme von Raum und Zeit mit seinem Freund Michele Angelo Besso diskutiert, als ihm plötzlich die Antwort klar wurde. Am folgenden Tag überfiel Einstein seinen Freund mit der Erklärung des Relativitätsprinzips: «Ich danke dir, das Problem habe ich vollständig gelöst. Meine Lösung war eine Analyse des

Albert Einstein,
November 1921
*AIP Emilio Segrè
Archives, Segrè
Collection*

Begriffs der Zeit. Die Zeit kann nicht absolut definiert werden, und es gibt eine nicht aufhebbare Beziehung zwischen Zeit und Signalgeschwindigkeit.»[2] Dann erklärte Einstein Besso die Idee der Gleichzeitigkeit. In der Relativitätstheorie ist die Zeit nicht überall gleich. Einstein erläuterte das an dem Glockenturm von Bern und dem der benachbarten Ortschaft. Konstant sei nicht die Zeit, noch nicht einmal der Raum – sondern die Lichtgeschwindigkeit. Und das alles erklärte die spezielle Relativitätstheorie. Was aber wäre, wenn doch eine Ätherdrift entdeckt würde? Als er Jahre später, 1921, Gerüchte von einem solchen Experiment vernahm, zu einer Zeit, als die Relativitätstheorie bereits von den meisten

Wissenschaftlern in der Welt anerkannt war, sah sich Einstein zu seiner inzwischen berühmt gewordenen Äußerung veranlasst: «Raffiniert ist der Herrgott, aber boshaft ist er nicht.» Dieses Zitat ist über dem Kamin im Gemeinschaftsraum der Princeton University in Stein gemeißelt – ein Zeugnis für die ewige Gültigkeit der speziellen Relativitätstheorie.

Kapitel 3
Prag, 1911

«Mit der durch dies Prinzip [das Relativitätsprinzip] im Bereiche der physikalischen Weltanschauung hervorgerufenen Umwälzung ist an Ausdehnung und Tiefe wohl nur noch die durch die Einführung des Copernikanischen Weltsystems bedingte zu vergleichen.»[1]

Einstein erkannte, dass die Relativitätstheorie – die «spezielle» Relativitätstheorie, die er entwickelt hatte – nur in einer Welt ohne massive Objekte gültig war. Massen – und Gravitation – verlangten nach einer anderen Theorie. Die vorhandene Gravitationstheorie war dreihundert Jahre zuvor von Isaac Newton ausgearbeitet worden, doch sobald die Relativitätstheorie vorlag, war klar, dass Newtons Theorie nur einen Grenzfall darstellte, der in einer Welt galt, in der die Geschwindigkeiten weit geringer als die des Lichts waren. Doch alle Versuche, die Newton'sche Gravitationstheorie in die spezielle Relativitätstheorie einzugliedern, so wie es Einstein mit der Maxwell'schen Theorie des Elektromagnetismus gelungen war, schlugen fehl. Um Einsteins Relativitätstheorie mit ihrer Auflage, dass Information niemals schneller als das Licht übertragen werden kann, mit Newtons Gravitationstheorie zusammenzubringen, in der sich der Schwerkrafteinfluss von Massen instantan im ganzen Weltall bemerkbar macht, bedurfte es grundlegender Neuerungen – einer ganz neuen Theorie, wie sie Einstein später mit seiner allgemeinen Relativitätstheorie schaffen würde. Doch bis zu diesem Zielpunkt musste der junge Einstein noch einen weiten Weg zurücklegen.

1907, zwei Jahre nachdem Einstein die spezielle Relativitätstheorie entwickelt hatte, war er achtundzwanzig Jahre alt, arbeitete im Schweizer Patentamt in Bern als Experte II. Klasse (ein Jahr zuvor war er von der III. in die II. Klasse befördert worden) und widmete seine Aufmerksamkeit jetzt dem Gravitationsproblem.

Eines Tages im November 1907 saß Albert Einstein im Patentamt in Bern und dachte über die Folgerungen aus der speziellen Relativitätstheorie nach. 1922, in dem Vortrag in Kioto, beschrieb er diesen bedeutsamen Augenblick folgendermaßen: «Ich saß im Berner Patentamt in einem Sessel, als mir plötzlich der Gedanke kam: Wenn sich ein Mensch im freien Fall befindet, wird er seine eigene Schwere nicht empfinden können. Mir ging ein Licht auf. Dieser einfache Gedanke beeindruckte mich nachhaltig. Die Begeisterung, die ich da empfand, trieb mich dann zur Gravitationstheorie.» Seinem Freund Michele Angelo Besso gegenüber, der ebenfalls im Schweizer Patentamt arbeitete, bezeichnete Einstein diese Offenbarung als «den glücklichsten Gedanken meines Lebens». Einstein versuchte, die Gravitationskraft im Rahmen der Relativitätstheorie zu erklären. Letztlich führte ihn das zur Entwicklung der allgemeinen Relativitätstheorie – einer Relativitätstheorie, die die Gravitation einschloss.

* * *

Vier Jahre lang, von 1907 bis Juni 1911, äußerte sich Einstein rätselhaft wenig über die Frage der Gravitation. 1911 zog er von der Schweiz nach Prag. Es ist nicht bekannt, ob er in diesen vier Jahren am Gravitationsproblem gearbeitet hat. In dieser Zeit veröffentlichte er Artikel über Schwarzkörperstrahlung und über die Opaleszenz von Flüssigkeiten nahe dem kritischen Zustand. Dachte er überhaupt noch an das Problem der Gravitation und ihre Beziehung zur Relativität? Der Vater der speziellen Relativitätstheorie, jener Theorie, die das Weltbild der Physiker so gründlich veränderte, und der Mann, der so wichtige Beiträge auf allen Gebieten der Physik geleistet hatte, hatte noch immer keine gesicherte berufliche Existenz. Einsteins Gehalt war bescheiden, und er besserte es auf, indem er an der Berner Universität lehrte, was er als lästige Pflicht empfand. Später beklagte er sich darüber, dass er – der im Geiste viele Uhren an verschiedene Stellen im Raum gebracht und sich vorgestellt habe, sie flögen mit unterschiedlichen Geschwindigkeiten, woraus er abgeleitet habe, dass Zeit und Raum relativ seien – nicht genügend Geld gehabt habe, sich eine einzige Uhr für seine Wohnung zu kaufen.

Am 4. April 1910 schrieb Einstein aus Zürich, wo er die Stelle eines außerplanmäßigen Professors innehatte, einen rätselhaften Brief an seine Mutter. «Ich werde höchst wahrscheinlich als ordentlicher Professor mit bedeutend besserem Gehalt, als ich es jetzt habe, an eine große Universität berufen werden. Wo das ist, das darf ich noch nicht sagen.»[2] Ähnlich äußerte sich Einstein einigen seiner Kollegen gegenüber, bis er später im Jahr das Geheimnis lüftete: Es handelte sich um die Deutsche Universität Prag. Einstein, der als Halbwüchsiger auf seine deutsche Staatsbürgerschaft verzichtet hatte, um Schweizer zu werden, und die spezielle Relativitätstheorie ausschließlich auf Schweizer Boden entwickelt hatte, schickte sich damit an, eine Stellung an einer deutschen Universität anzutreten und eine Laufbahn zu beginnen, die ihn schließlich in die Hauptstadt des ungeliebten Deutschen Reichs führen sollte – nach Berlin.

Die Deutsche Universität Prag hatte eine ungewöhnliche Geschichte, die das traurige Verhältnis der Volksgruppen in der damaligen böhmischen Hauptstadt widerspiegelte. Die Universität war die älteste in Osteuropa und beschäftigte im 19. Jahrhundert sowohl tschechische als auch deutsche Professoren. Die beiden Gruppen waren jedoch zerstritten – und zwar in solchem Maße, dass die deutschen Professoren und Dozenten jeden Kontakt mit den tschechischen Kollegen ablehnten. 1888 verfügte der Kaiser von Österreich-Ungarn, dass die Universität in eine deutsche und eine tschechische Hälfte aufzuteilen sei. Die Teilung vertiefte die Kluft zwischen den beiden Professorenlagern, die sich nun noch feindseliger gegenüberstanden. Einstein wurde von der Deutschen Universität eingestellt.

Prag, eine wichtige Stadt des Habsburgerreichs, ein Eckstein im Dreieck Wien, Budapest und Prag, von dem aus der Kaiser sein österreichisch-ungarisches Reich regierte, war höchst attraktiv für Einstein. In so hohem Maße, dass er sich zu diesem Schritt entschloss, obwohl er wusste, dass er ihn von den Zentren der wissenschaftlichen Forschung isolieren würde, und obwohl ihm Zürich eine Erhöhung seines Gehalts angeboten hatte, sodass es mit seinen Einkünften an der Karl-Ferdinand-Universität in Prag konkurrieren konnte. Einstein ließ sich auch von den antisemitischen Äußerungen nicht abschrecken, die in der Kommission bei der Erörterung seiner ethnischen Herkunft gefallen waren und von denen er bei seiner Bewerbung erfuhr. In den Bewerbungsunterlagen sollte er seine Religionszugehörigkeit vermerken. Die Eintragung «keine», die er ursprünglich vorgenommen hatte, wurde von der Universität nicht akzeptiert. Die Berufungsurkunden der Professoren unterzeichnete Kaiser Franz Joseph eigenhändig, und es war bekannt, dass der Kaiser niemanden berief, dessen Religionszugehörigkeit nicht in den Bewerbungsunterlagen verzeichnet war. Einstein gab nach, der Kaiser leistete seine Unterschrift, und die Berufung trat am 1. April in Kraft. Vielleicht weil man ihn in der Frage der Religionszugehörigkeit so bedrängt hatte, trat Einstein, der bislang nie religiöse Regungen hatte erkennen lassen, in die Jüdische Gemeinde von Prag ein. Er besuchte auch den alten jüdischen Friedhof in Prag, dessen früheste Zeugnisse ins 5. Jahrhundert zurückreichen, und besichtigte den zerfallenden Grabstein von Rabbi Löw, einem Freund des im 16. Jahrhundert wirkenden Astronomen Tycho Brahe.

Aus Briefen an Freunde geht hervor, dass Einstein in Prag nicht sehr glücklich war. Oft beklagte er sich über den Amtsschimmel und die preußische Sturheit, von der die Universitätspolitik geprägt war. Er hatte auch den Eindruck, die Studenten seien nicht annähernd so intelligent und fleißig wie die Schweizer Studenten.

Aber unabhängig davon, ob ihm Prag gefallen hat oder nicht, Einstein scheint sogar im gesellschaftlichen Leben Prags Spuren hinterlassen zu haben. In dem Buch *Prag in Schwarz und Gold* schreibt Peter Demetz über das Kaffeehaus, in dem Einstein seine Mußestunden zu verbringen pflegte.[3] Nach Demetz war sogar das Kaffeehausleben in tschechische und deutsche Häuser unterteilt. Das Café Slavia war Prags Aushängeschild, ein beliebter Treffpunkt tschechischer Intellektueller und Literaten, der aber auch von deutschen Schriftstellern aufgesucht wurde, so zum Beispiel von Thomas Mann. Die liberalen Journalisten versammelten sich gewöhnlich in der hinteren Ecke, die progressiven Katholiken vorne am Bürgersteig. In diesem Szene-Café war an sonnigen Nachmittagen häufig zu sehen, wie Einstein mit Kollegen von der Universität auf Deutsch plauderte oder vertieft war in Formeln, die er rasch aufs Papier warf. In Prag, der Stadt Kafkas, des Kaffeehauslebens und der ewigen Intrigen zwischen der österreichisch-ungarischen Verwaltung und den Jesuiten, entwarf Einstein die Ansätze seiner allgemeinen Relativitätstheorie.

Das erste Konzept, mit dem sich Einstein in Prag beschäftigte, war das Äquivalenzprinzip, das er vier Jahre zuvor in Bern erstmals formuliert hatte. Einstein stellte sich zwei Bezugssysteme vor: eines in Ruhe in einem konstanten Gravitationsfeld, das andere in feldfreiem Raum, aber in konstanter Beschleunigung begriffen. In beiden Bezugssystemen würden die gleichen Newton'-schen Gesetze gelten, und die Äquivalenz müsste aus einer neuen Gravitationstheorie abgeleitet werden, so Einstein in einem Artikel, der in diesem Jahr erschien. Nach dieser neuen Theorie suchte er – nach einer Theorie, die sowohl Gravitation als auch Relativität umfasste.

Außerdem beschäftigte sich Einstein in Prag mit der Rotverschiebung von Licht in Gravitationsfeldern. Vom Äquivalenzprinzip ausgehend, konnte er zeigen, dass sich die Frequenz von Licht, das von einem massereichen Objekt ausgeht, verringern müsste. Diese Abnahme der Frequenz (weniger Gipfel der Lichtwelle pro

Zeiteinheit) bewirkt, dass das Licht immer röter erscheint, und wird daher als Rotverschiebung bezeichnet.

Doch so erfolgreich sich Einstein darin erwies, mit Hilfe von Äquivalenzprinzip und spezieller Relativitätstheorie Eigenschaften einer relativistischen Gravitationstheorie abzuleiten – um eine solche Theorie wirklich auszuformulieren, fehlten ihm zu diesem Zeitpunkt noch die mathematischen Werkzeuge.

Als Einstein das spezielle Relativitätsprinzip entdeckte, fand er das entsprechende mathematische Arsenal schon vor: die Lorentz-Transformation und die von Minkowski entwickelte Mathematik der Raumzeit. Minkowskis Mathematik verband die drei unabhängigen Richtungen des Raums mit dem Zeitpfeil. Dadurch ließen sich die vier Komponenten der Einstein'schen Raumzeit in einheitlicher Weise behandeln – einer Raumzeit, in der die Trennung in Raum und Zeit vom Beobachter abhängig ist und deren Grundstruktur durch die durchziehenden Lichtbahnen gebildet wird. Die Lichtbahnen, die durch ein bestimmtes Ereignis laufen, bilden dabei so genannte Lichtkegel in der vierdimensionalen Raumzeit, ein Phänomen, das sich veranschaulichen lässt, wenn man sich wie in der nachfolgenden Abbildung auf zwei Dimensionen beschränkt. Dass das Erscheinungsbild eines Lichtkegels vom Beobachter unabhängig ist, gibt die Konstanz der Lichtgeschwindigkeit wieder. Auf dem Lichtkegel ist der Raumabstand vom Ursprung gleich der verstrichenen Zeit. Das Hyperboloid in

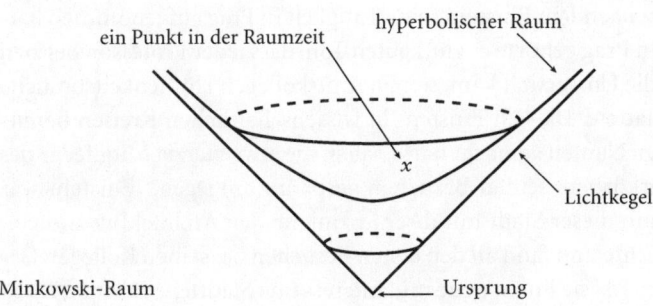

ein Punkt in der Raumzeit · hyperbolischer Raum · x · Lichtkegel · Minkowski-Raum · Ursprung

der Abbildung ist die Menge aller Punkte mit gleichem quadrierten Raumzeitabstand vom Ursprung. Mit der Minkowski-Metrik lassen sich Abstände in der Raumzeit messen.

Die Anwendung der mathematischen Werkzeuge war neu, doch die Werkzeuge selbst waren nicht sehr kompliziert, da ihre Grundelemente – die Vektoren – seit langem bekannt waren. Doch als er sich jetzt in Prag mit dem Plan trug, das Gravitationskonzept in die spezielle Relativitätstheorie einzugliedern, erkannte Einstein, dass er eine leistungsfähige Mathematik brauchte, eine beträchtlich leistungsfähigere Mathematik als die, die er in der speziellen Relativitätstheorie verwendet hatte. Damit geriet er in Gebiete, über die er sehr wenig wusste.

Die Gravitation machte die Raumzeit nichteuklidisch, daher brauchte Einstein neue geometrische Werkzeuge, mit denen sich die neuen Eigenschaften der Raumzeit, insbesondere ihre Krümmung, handhaben ließen. Das führte ihn in sehr komplexe mathematische Gefilde. Für ihn begann nun die schwierigste Etappe seiner Entdeckungsreise, auf der er seine ganze physikalische Intuition brauchte und sie mit einem leistungsfähigen mathematischen Instrumentarium verknüpfen musste.

Das Werkzeug, das Einstein für diese nächste Etappe seiner langen Reise benötigte, wurde ihm in Prag praktisch auf dem Präsentierteller angeboten, und zwar in Gestalt eines hochbegabten, aber stets unterschätzten Mathematikers. Georg Pick war zwanzig Jahre älter als Einstein, und die beiden hatten sich kennen gelernt, kurz nachdem Einstein seine Tätigkeit in Prag aufgenommen hatte. In Prag gehörte es zum guten Ton, dass jeder Professor, der neu an die Universität kam, seinen Amtskollegen Höflichkeitsbesuche abstattete. Da sich Einstein in wissenschaftlichen Kreisen bereits einen Namen gemacht hatte, sahen die etwa vierzig Mitglieder des Lehrkörpers seinen Besuchen gespannt entgegen.[4] Einstein war neu in dieser Stadt mit ihrer faszinierenden Architektur und Geschichte und fand an den ersten Besuchen bei seinen Kollegen Gefallen, da sie ihn in neue und interessante Stadtteile führten. Doch nach einiger Zeit langweilte ihn die höfliche Konversation, die ihn von der allgemeinen Relativitätstheorie abhielt, und er stellte seine Besuche ein. Bei der Abarbeitung der Namensliste war Einstein vermutlich bis zum Buchstaben «P» gekommen, denn Georg Pick gehörte nicht zu den Professoren, die Einstein vor den Kopf gestoßen hatte. Pick und Einstein wurden gute Freunde und unternahmen lange gemeinsame Spaziergänge, auf denen sie sich meist über mathematische Themen unterhielten. Pick wusste viele Geschichten über Ernst Mach zu erzählen, der vor Einsteins Ankunft an der Prager Universität gewirkt hatte und der mit vielen seiner Ideen einzelne Aspekte von Einsteins spezieller Relativitätstheorie vorweggenommen hatte. Wie Einstein war Pick ein guter Geiger und vermittelte ihm ein Quartett, in dem er musizieren konnte. Doch Pick war auch ein Fachmann auf dem mathematischen Gebiet, das Einstein brauchte, um seine allgemeine Relativitätstheorie zu entwickeln. Vor allem dachte Pick dabei an die Arbeiten der beiden italienischen Mathematiker Gregorio Ricci (1853–1925) und Tullio Levi-Civita (1873–1941). Möglicherweise hat Pick schon 1911 versucht, Einstein auf die mathematischen Arbeiten von Ricci und Levi-Civita aufmerksam zu machen, doch Einstein hörte nicht auf seine guten Ratschläge, und dabei blieb es, bis er Prag verließ. Hätte sich Einstein die mathematischen Arbeiten der beiden Italiener angesehen, hätte er sich womöglich einige Jahre harter Arbeit erspart.

Das dritte Teilstück der allgemeinen Gravitationstheorie, das Einstein in Prag in Angriff nahm, war das Prinzip, dass massive Objekte mit ihrer Schwerkraft nicht nur auf materielle Körper einwirken, sondern auch auf Licht. Einstein entwickelte hier die ersten Ideen zu einem Prinzip, das sich später als Äquivalent jenes Prinzips erweisen sollte, das Newton Jahrhunderte zuvor verwendet hatte. Seine Deduktion, dass Licht in der Umgebung eines massereichen Objekts abgelenkt werden müsse, entsprach dem Newton'schen Prinzip, dass ein Objekt, das im Raum fliegt, seine Bahn bei Annäherung an ein massereiches Objekt verändert.

Dank diesem Prinzip ist die NASA in der Lage, die Richtung einer Raumsonde zu verändern, indem sie diese um einen Planeten herumlenkt. Aus der Theorie ergab sich das Maß der Ablenkung, die ein Lichtstrahl erleiden würde, wenn er dicht an einem massereichen Objekt vorbeikäme, wobei vorausgesetzt wird, dass Licht nicht Wellen-, sondern Teilchencharakter hat. Für einen Lichtstrahl, der direkt am Rande eines Objekts von der Masse der Sonne vorbeiläuft, ergibt sich aus Einsteins Formel eine Ablenkung um einen Winkel von 0,88 Bogensekunden (eine Bogensekunde entspricht einem Winkel von $^1/_{3600}$ Grad). Allerdings sorgten die Vereinfachungen, die Einstein bei seiner Rechnung vornahm, dafür, dass die von ihm vorhergesagte Ablenkung nur halb so groß ist wie der wirkliche Wert – das richtige Ergebnis erhielt Einstein erst vier Jahre später nach Abschluss der allgemeinen Relativitätstheorie.

Nachdem er einige Fortschritte erzielt und einige Prinzipien abgeleitet hatte – auch wenn er von der endgültigen Form der neuen Theorie noch weit entfernt war –, hatte Einstein das Bedürfnis, einen empirischen Beweis für seine theoretischen Entdeckungen zu finden. Über die Lichtablenkung war er sich bereits in der Schweiz klar geworden, doch damals glaubte er, der Effekt sei so geringfügig, dass er sich nicht nachweisen ließe. Er berichtete anderen Wissenschaftlern von seiner Überzeugung, dass Licht dem Einfluss der Gravitation unterliege, dass es aber wahrscheinlich keine Möglichkeit gebe, diesen Effekt experimentell zu erfassen. In Prag war er sich dessen nicht mehr so sicher. Sobald er eine konkrete Zahl vorliegen hatte (sie war zwar falsch, gab aber doch die positive Ablenkung eines Lichtstrahls wieder), fragte er sich, ob Astronomen diesen Effekt irgendwie messen könnten. Natürlich wünschte er sich Beweise für seine im Werden begriffene Gravitationstheorie. Wenn sich die Lichtablenkung beweisen ließ, war das ein willkommener Beweis für seine Theorie.

Einstein wusste nicht, dass bereits 1801 der deutsche Astronom Johann Georg von Soldner die gleiche Idee gehabt hatte. Er wollte

Newtons Gravitationstheorie auf Lichtstrahlen anwenden, als wären sie massive Objekte. Dabei hielt sich Soldner an Newtons Auffassung, das Licht bestehe aus kleinen Teilchen. Soldner stellte sich die gleiche Aufgabe wie Einstein hundert Jahre später und kam zu dem Ergebnis, dass Licht, das dicht an der Oberfläche der Sonne vorbeistreiche, um 0,84 Bogensekunden abgelenkt werde. Damit kam er Einsteins – allerdings durch einen Fehler beeinträchtigter – Zahl erstaunlich nahe. Soldners Abweichung gegenüber dem richtigen Newton'schen Wert von 0,875 Bogensekunden geht wahrscheinlich auf eine ungenaue Schätzung der Sonnenmasse zurück. Die Physik-Gemeinde erfuhr erst 1921 von Soldners Arbeit.

In seinem Artikel über die Lichtablenkung schlug Einstein vor, Astronomen sollten nach Beweisen für das Phänomen suchen. Im Sommer 1911 reiste Leo W. Pollak, Student an der Karl-Ferdinand-Universität, von Prag nach Berlin und besuchte das Berliner Observatorium. Dort traf er Erwin Finlay Freundlich (1885–1964), den jüngsten Assistenten des Observatoriums. Freundlich wurde 1885 in Biebrich als Kind eines deutschen Vaters und einer schottischen Mutter geboren. Pollak erzählte Freundlich, Einstein sei enttäuscht, dass die Astronomen seinen Vorschlag, die Lichtablenkung experimentell zu messen, noch nicht aufgegriffen hätten. Als Pollak die Überlegungen wiedergab, die Einstein in seinem Artikel niedergeschrieben hatte, zeigte sich Freundlich sehr interessiert und bot seine Hilfe an.

Kurz nach Pollaks Besuch schrieb Feundlich einen Brief an Einstein in Prag und bot ihm an, das Sternenlicht zu messen, das den Planeten Jupiter passiere, und zu prüfen, ob es von der Gravitation des Planeten abgelenkt werde. Die Versuche schlugen fehl, und am 1. September schrieb Einstein einen Brief an Freundlich, indem er ihm für seine Mühe dankte und den Umstand beklagte, dass es keinen größeren Planeten als Jupiter gebe. Trotz der gescheiterten Experimente setzten die beiden ihre Zusammenarbeit jahrelang fort.

Die Woche vom 15. bis zum 22. April 1912 verbrachte Einstein als Freundlichs Gast an der Königlichen Sternwarte in Berlin. 1997 berichtete Jürgen Renn vom Max-Planck-Institut für Wissenschaftsgeschichte in Berlin in der Zeitschrift *Science* über ein Forschungsprojekt, das seine Kollegen unlängst durchgeführt hatten. Gegenstand war ein Notizheft, das Einstein während seines Besuchs in Berlin geführt hatte und das erst jetzt aufgetaucht war.[5] Neben Eintragungen über tägliche Verabredungen notierte Einstein auch die Quintessenz einer verblüffenden Entdeckung, die er gerade gemacht hatte: des Gravitationslinsen-Effekts. Dazu kommt es, wenn das Licht eines Sterns oder einer Galaxie an einem Stern oder einer Galaxie vorbeimuss, die sich zwischen der Lichtquelle und dem Beobachter befindet. Die Lichtablenkung, die Einstein entdeckt hatte, kann in solchen Fällen dazu führen, dass das Gravitationsfeld, durch das sich das Licht bewegt, wie eine optische Linse wirkt, die das Licht der fernen Himmelskörper fokussiert. Ein Beobachter würde dann eines oder mehrere verzerrte Bilder des fernen Objekts am Himmel wahrnehmen – ein Effekt, den die Astronomen bereits an einer Vielzahl von Beispielen nachweisen konnten. Einstein selbst hat 1912 nicht viel von seiner Entdeckung gehalten, weil er meinte, der Effekt würde sich nie beobachten lassen.

1936 gab Einstein dem hartnäckigen Drängen des tschechischen Amateurastronomen Rudi W. Mandl nach und veröffentlichte in der Zeitschrift *Science* einen Artikel, in dem er diesen Effekt theoretisch begründete. Mandl hatte ihn gefragt, ob ein solcher Effekt möglich sei. Es ist nicht bekannt, ob sich Einstein erinnerte, dass er die Theorie schon einmal vierundzwanzig Jahre zuvor in einem Notizheft skizziert hatte, das er in Berlin zurückgelassen hatte. Nach Einsteins Unterlagen aus dem Jahr 1936 hat er die Theorie anscheinend ganz neu entwickelt. In einem Brief an die *Science*-Redaktion aus dem Jahr 1936 schrieb Einstein: «Vor einiger Zeit hat mich R. W. Mandl besucht und gebeten, die Ergebnisse einer kleinen Berechnung zu veröffentlichen, die ich auf seine Bitte hin vorgenommen habe. Mit dieser Mitteilung komme ich seiner Bitte nach.» In einem privaten Brief an den Herausgeber James Cattell schrieb Einstein: «Seien Sie für die freundliche Zusammenarbeit bei dieser kleinen Veröffentlichung bedankt, zu der Mr. Mandl mich gedrängt hat. Sie hat wenig Bedeutung, macht den armen Kerl aber glücklich.» Als der Gravitationslinsen-Effekt 1979 erstmals von Astronomen beobachtet wurde, löste er große Aufregung aus. Heute wird der Effekt eingehend untersucht und als wichtiges Werkzeug für die astronomische Beobachtung ferner kosmischer Objekte eingesetzt.

* * *

Schon bald nach seiner Ankunft in Prag wurde Einstein ein Lehrstuhl an der Eidgenössischen Technischen Hochschule in Zürich angeboten, also an der Hochschule, an der er selbst studiert hatte. Einstein liebte seine Wahlheimat Schweiz, daher war es nicht lange nach seinem Eintreffen in Prag schon beschlossene Sache, dass er seine Zelte dort nach Ablauf eines Jahres wieder abbrechen würde. Vielleicht war es der zeitlich begrenzte und vorläufige Charakter seines dortigen Aufenthalts, der Einstein zu einer so kühnen und experimentierfreudigen Haltung in seiner Forschung ermutigte. Philipp Frank, der an die Universität Prag kam, kurz bevor Einstein sie verließ, erzählt eine Reihe amüsanter Anekdoten über Einsteins fast surrealen Aufenthalt in Prag. Von dem Büro aus, das Einstein in der Universität bezogen hatte, blickte er auf einen schönen, gepflegten Park. Obwohl er meist tief in die Probleme der Gravitation versunken war, konnte er nicht übersehen, dass am Morgen nur Frauen in dem Park spazieren gingen, während es am Nachmittag nur Männer waren. Verblüfft über diese Beobachtung, fragte Einstein, was denn dort unten im Park vor sich gehe. Da erfuhr er, dass es kein öffentlicher Park sei – sondern das Gelände einer psychiatrischen Klinik. In der Folgezeit scherzte er oft mit seinen Kollegen über die Leute im Park, etwa indem er erklärte, das seien die Verrückten, die sich nicht mit der Quantentheorie beschäftigten. (Einstein stand sein Leben lang mit der Quantentheorie auf Kriegsfuß. Seine berühmte Bemerkung «Ich kann nicht glauben, dass Gott mit der Welt Würfel spielt» bezieht sich auf die Quantentheorie und ihren Wahrscheinlichkeitscharakter.)

Die Professoren an der Universität Prag erhielten eine Uniform. Zwar wurde nicht von ihnen verlangt, sie täglich zu tragen, aber sie mussten sie anlegen, wenn ihnen vor Amtsantritt der Treueid abgenommen wurde und wenn sie eine Audienz beim österreichisch-ungarischen Kaiser hatten. Sein Leben lang verabscheute Einstein Autorität in jeder Form und vermied alle protokollarischen und zeremoniellen Anlässe. Er fühlte sich ganz unwohl in der Uniform, aber er entschärfte die Situation, indem er scherzte, wenn er so auf die Straße ginge, würden ihn die Leute für einen brasilianischen Admiral halten. Einstein war heilfroh, als er die Uniform wieder loswurde. Er schenkte sie seinem Nachfolger im Amt Philipp Frank. Auch Frank trug die Uniform nur ein einziges Mal – als er dem österreichisch-ungarischen Kaiser die Treue schwor. 1917 veranlasste ihn seine Frau, Einsteins Uniform einem Russen zu schenken, der vor der Revolution geflohen war und nun auf den Straßen von Prag fror, weil er kein Geld hatte, sich einen Mantel zu kaufen.

Als Einstein sich weiter mit dem Problem der Gravitation herumschlug und versuchte, es in den Rahmen der speziellen Relativitätstheorie einzugliedern, gelangte er zu einer verblüffenden Schlussfolgerung: Der Raum ist nichteuklidisch. Kurz bevor Einstein sich entschloss, das Angebot der ETH anzunehmen und in die Schweiz zurückzukehren, schrieb er einen Artikel, der im folgenden Jahr in der Zeitschrift *Annalen der Physik* veröffentlicht wurde. Darin kam er aufgrund seiner Untersuchungen über Raum und Gravitation zu einer revolutionären Schlussfolgerung: Die Gesetze der euklidischen Geometrie verlieren in einem gleichförmig rotierenden System ihre Gültigkeit. Nach der speziellen

Relativitätstheorie müsse es, so Einstein in diesem Artikel, zu einer Kontraktion des Umfangs und einer Krümmung des Raums kommen. Es gebe keine Gerade und das Verhältnis von Kreisumfang zu Durchmesser sei nicht gleich Pi. Da nach dem Äquivalenzprinzip, das er in Bern entwickelt hatte, ein gleichförmig rotierendes System ein Gravitationsfeld induziert, kam Einstein zu einer verblüffenden These: In der Nähe eines massereichen Objekts ist der Raum nichteuklidisch. Doch was bedeutet «euklidisch» oder «nichteuklidisch»?

Kapitel 4
Euklids Rätsel

«Es gibt keinen Königsweg zur Geometrie.»
Euklid von Alexandria zu Ptolemäus I.,
König von Ägypten, 306 v. Chr.

Am Cape Perpetua erhebt sich die schroffe Küste Oregons dreihundert Meter über den Meeresspiegel, während unten die hohe Brandung des Pazifiks mit der Regelmäßigkeit eines Uhrwerks in die zerklüfteten Einbuchtungen klatscht. Dieses über einem tiefblauen Ozean hoch in den Himmel ragende Cape Perpetua ist einzigartig. Für jemanden, der ganz oben auf der Spitze des Vorgebirges steht, kann kein Zweifel daran bestehen, dass die Erde rund ist. Der weite Ozean, der sich vor dem Beobachter ausbreitet, ist in jeder Richtung, in die das Auge schauen kann, sanft nach unten gekrümmt. Wenn ein Schiff dem Horizont entgegenfährt, scheint es für den Beobachter den größten Teil der Zeit auf der gekrümmten Oberfläche nach unten zu gleiten, bis es allmählich hinter dem riesigen blauen Ball verschwindet.

Hätten die alten Babylonier, Ägypter oder Griechen an der Küste von Oregon gelebt, vielleicht wäre dann die Geschichte der Physik oder der exakten Wissenschaften ganz anders verlaufen. Doch diese antiken Völker haben nicht am Ufer des Stillen Ozeans gewohnt und daher nie die Krümmung der Erdoberfläche erblickt, auf der wir leben. Die Babylonier und die Assyrer besiedelten die flachen Landstriche zwischen Tigris und Euphrat in Babylonien. Von den vielen tausend Tontafeln, die sie hinterlassen haben und die jeden Aspekt ihres gesellschaftlichen Lebens seit 4000 v. Chr. verzeichnen, wissen wir, dass die Babylonier die Flächen ihrer Felder exakt berechnen konnten. Sie teilten das flache, fruchtbare Land, das sie besaßen, rechtwinklig auf, sodass sie die Fläche eines Feldes durch einfache Multiplikation der Seiten zu berechnen vermochten. Auch die Fläche von Feldern in Form rechtwinkliger Dreiecke bestimmten sie, indem sie die Fläche des umschreibenden Rechtecks durch zwei teilten. Die Babylonier und Assyrer waren höchst bewandert in diesen Bereichen der ebenen Geometrie. Auch die Ägypter besaßen hervorragende Kenntnisse auf den Gebieten der Geometrie, die sie brauchten, um Landflächen zu markieren, zu teilen und zu berechnen. Doch sie lebten gleichfalls in einem flachen Landstrich, der sie nie vor die Notwendigkeit stellte, eine Fläche zu verstehen, die nicht flach war. Selbst ihre Pyramiden, diese geometrischen Meisterleistungen, waren Produkte einer linearen Geometrie – wenn auch in drei Dimensionen.

Im 6. Jahrhundert entwickelten Pythagoras und seine Anhänger in der Schule, die sie in Crotona in Süditalien gründeten, abstrakte Theoreme, die sich auf die angewandte Geometrie der alten Ägypter und Babylonier stützten. Insofern erweitert der Satz des Pythagoras nur die mathematische Weltdeutung der Babylonier. Nach diesem Theorem ist ein quadratisches Feld, dessen Seiten der Hypotenuse eines rechtwinkligen Dreiecks entsprechen, gleich der Fläche der quadratischen Felder über den beiden anderen Seiten des Dreiecks. Der Satz des Pythagoras hat große Bedeutung für die Geometrie, weil sich mit ihm der kürzeste Abstand zwischen zwei Punkten im euklidischen Raum definieren lässt. In einem solchen Raum ist der kürzeste Abstand zwischen zwei Punkten eine Gerade. Wenn wir den Abstand zwischen den beiden Punkten auf der X-Achse und den Abstand zwischen beiden Punkten auf der Y-Achse kennen, dann ist der kürzeste Abstand zwischen den beiden Punkten auf der Ebene die Quadratwurzel aus der Summe der quadrierten Abstände auf der X- und auf der Y-Achse. Aber die Pythagoreer gingen noch viel weiter und entdeckten die irrationalen Zahlen. Sie bemerkten, dass die Hypotenuse eine merkwürdige Zahl ergibt, wenn die beiden Katheten gleich eins sind – die Quadratwurzel aus zwei, die *irrational* ist: Sie lässt sich nicht als Quotient von zwei ganzen Zahlen schreiben. Die Entdeckung neuer Zahlen, die sie nicht verstehen konnten und die keine Bedeutung in der physikalischen Welt zu haben schienen, führte die Pythagoreer auf Gebiete der Mathematik, die erst in unserer Zeit richtig erforscht wurden.

Die Mathematik entwickelte sich weiter, und zwei Jahrhunderte nach Pythagoras schrieb Euklid von Alexandria die *Elemente*, ein dreizehnbändiges Werk, das als das bedeutendste Lehrbuch aller Zeiten gilt. Die Bände der *Elemente* legten eine ganze geometrische Theorie dar – eine Theorie, die seit dreiundzwanzig Jahrhunderten, bis in die Gegenwart, maßgeblich für das Studium der Mathematik geblieben ist. Die *Euklidische Geometrie* ist der Versuch, die Begriffe des physikalischen Raums mit Hilfe von Axiomen, Postulaten und Theoremen so zu abstrahieren, dass sich jener Raum verstehen und erkunden ließ, den die Alten für den einzigen hielten.

Euklid definierte die Elemente seiner Geometrie als Punkt, Linie und Fläche – Begriffe, mit denen heute jedes Schulkind vertraut ist. Dann stellte er fünf Hauptpostulate auf, und zwar: 1. Zu je zwei Punkten lässt sich eine Strecke ziehen, die sie verbindet. 2. Jede (endlich lange) Strecke lässt sich zu einer (unendlich ausgedehnten) Geraden verlängern. 3. Gegeben zwei Punkte, lässt sich ein Kreis konstruieren, auf dem der eine Punkt liegt und dessen Mittelpunkt der zweite Punkt ist. 4. Alle rechten Winkel sind einander gleich. 5. Schneidet eine Gerade zwei andere Geraden dergestalt, dass die Innenwinkel auf der einen Seite zusammen kleiner als zwei rechte Winkel (180 Grad) sind, dann schneiden sich letztere zwei Geraden auf ebendieser Seite.

Die Sätze oder Theoreme in Euklids erstem Buch behandeln die Eigenschaften von Geraden und die Flächen von Parallelogrammen, Dreiecken und Quadraten. Doch während Euklid die ersten vier Postulate immer wieder heranzieht, um die Lehrsätze zu beweisen, verwendet er das fünfte Postulat nicht ein einziges Mal. Es zeigte sich schon sehr bald, dass diese Lehrsätze auch gültig bleiben würden, wenn das fünfte Postulat entfernt oder durch ein anderes ersetzt würde, das mit den anderen konsistent wäre. Obwohl die *Elemente* ungeheure Verbreitung fanden und das abendländische Denken zweitausend Jahre lang beeinflussten, weckte der dürftige Charakter des rätselhaften fünften Postulats immer wieder Zweifel bei Mathematikern. Schon seine Formulierung ist merkwürdig. Während die anderen vier kurz und bündig gefasst sind, erscheint das fünfte lang und umständlich. Viele haben den Eindruck, das fünfte Postulat sei eher ein Lehrsatz, der zu beweisen sei, als eine selbstevidente Tatsache.

Für das fünfte Postulat gibt es viele äquivalente Formulierungen. So heißt es beispielsweise im Playfair'schen Axiom, dass sich zu einer gegebenen Geraden nur eine einzige Parallele durch einen gegebenen Punkt zeichnen lässt. Ein anderes Äquivalent des fünften Postulats besagt, dass die Summe der drei Winkel eines Dreiecks immer gleich zwei rechten Winkeln (also 180 Grad) sind. Diese letztere Folgerung aus dem fünften Postulat lässt sich leichter analysieren.

Schon beim ersten Erscheinen der *Elemente* wurden Zweifel an der Notwendigkeit des fünften Postulats laut. Man fragte sich, ob es überhaupt ein Bestandteil der ganzen Theorie sei. Der Erste, der solche Bedenken äußerte, war ein Geometer, der uns viel über die Geschichte des Werkes mitgeteilt hat: der Philosoph, Mathematiker und Historiker Proklos (410–485 n. Chr.). Von Proklos wissen wir, dass Euklid während der Herrschaft von Ptolemäus I. lebte, dem ersten makedonischen Herrscher über Ägypten, und dass der Pharao selbst ein Buch über Euklids problematisches fünftes Postulat geschrieben hat – nebst einem Beweis dieses Postulats mittels der anderen vier. Das war, soweit wir aus historischen Quellen wissen, der erste Versuch, das fünfte Postulat als eine Folgerung aus den vier vorangehenden zu beweisen.

In seiner Geschichte des Euklid'schen Werkes vertritt Proklos völlig zu Recht die Auffassung, der Beweis des Ptolemäus, dass Postulat fünf sich aus den anderen ergebe, gehe von der Annahme aus, dass eine Gerade nur eine Parallele durch einen nicht auf ihr liegenden Punkt haben könne – eine Formulierung, die äquivalent zu Postulat fünf ist! Anschließend versucht Proklos seinerseits, die Überflüssigkeit des Postulats zu «beweisen». Auch sein Beweis war falsch.

Im Mittelalter erlebte die arabische Wissenschaft eine Blüte, nachdem die große Kultur des antiken Griechenland untergegangen war und bevor Europa aus der Dunkelheit des Mittelalters erwachte. Omar Chajjam (ca. 1050–1122), der im Westen vor allem als Dichter bekannt ist, war auch ein namhafter Mathematiker seiner Zeit, der ein Buch mit dem Titel *Algebra* verfasste. In den Jahrhunderten zuvor hatten sich schon andere bedeutende arabische und persische Gelehrte mit der Mathematik beschäftigt, so zum Beispiel al-Choresmi (9. Jahrhundert) und al-Biruni (973–1048), die wesentliche Teile der Algebra entdeckt hatten. Als Omar Chajjam 1123 starb, befand sich die arabische Wissenschaft wieder im Niedergang. Doch in Maragha (im heutigen Iran gelegen) wirkte im folgenden Jahrhundert ein Mathematiker von außergewöhnlicher Begabung: Nassir al-Din al-Tusi (1201–1274), auch Nassiradin genannt. Er war der Astronom von Hulagu Khan, dem Enkel des legendären Eroberers Dschingis Khan und Bruder von Kublai Khan. Nasiraddin stellte eine arabische Version von Euklids Werken zusammen und schrieb eine Abhandlung über dessen Postulate. Wie die Mathematiker des klassischen Altertums und wie zwei arabische Mathematiker, die vor ihm lebten, hatte auch er seine Schwierigkeiten mit Euklids fünftem Postulat.

Nasiraddin war der erste Gelehrte, der die Bedeutung des Postulats erkannte, das äquivalent zu Euklids fünftem Postulat ist: dass die Winkelsumme im Dreieck 180 Grad sein muss («zwei rechte Winkel»). Nasiraddin versuchte wie seine Vorgänger zu beweisen, dass das beunruhigende fünfte Postulat von Euklid eine bloße Folgerung aus den vorangehenden vier sei. Und wie seine Vorgänger scheiterte Nasiraddin.

Euklids Werk fand große Verbreitung in der arabischen Welt und löste unter anderem Diskussionen über das Parallelenpostulat aus – all das, ohne dass Europa davon Kenntnis hatte. Anfang des 12. Jahrhunderts reiste der Engländer Adelhard von Bath (ca. 1075–1160) von Kleinasien nach Ägypten und Nordafrika und lernte unterwegs Arabisch. Daraufhin verkleidete er sich als islamischer Student, überquerte die Straße von Gibraltar und gelangte so ins maurische Spanien. Um das Jahr 1120 erreichte er Córdoba und besorgte sich eine Kopie der *Elemente*. Heimlich übersetzte er Euklids Buch ins Lateinische und schmuggelte es über die Pyrenäen ins christliche Europa. Auf diese Weise gelangte Euklid endlich ins Abendland. Das Buch wurde kopiert und fand weite Verbreitung unter den Gelehrten, die auf diesem Umweg jene Grundlagen der Geometrie kennen lernten, die den Griechen schon anderthalb Jahrtausende früher bekannt gewesen waren. Nachdem der Buchdruck erfunden wurde, war eines der ersten mathematischen Bücher, das mit dem neuen Verfahren hergestellt wurde, Euklids *Elemente*. Als es 1482 in Venedig erschien, war es eine lateinische Übersetzung des arabischen Textes, den Adelhard in den Westen geschmuggelt hatte. Erst 1505 publizierte Zamberti, ebenfalls in Venedig, eine Version der *Elemente*, die eine Übersetzung des griechischen Textes war. Als Vorlage diente eine Ausgabe von Theon von Alexandria aus dem 4. Jahrhundert.

Fünfhundert Jahre waren seit Nasiraddins Arbeit über das fünfte Postulat vergangen, doch während dieser Jahrhunderte hatte die abendländische Mathematik wenige Fortschritte gemacht. Das Mittelalter war keine gute Zeit für Mathematik, Naturwissenschaft oder Kultur im Allgemeinen. Eine Welt, die in ständigem Streit lebte und von tödlichen Seuchen heimgesucht wurde, war keine Umgebung, in der Wissenschaft und Kunst gedeihen konnten. 1733 erschien dann in Mailand ein kleines Buch auf Latein.

Sein Titel lautete *Euclides ab omni naevo vindicatus* («Der von jedem Makel befreite Euklid»). Der Autor war der Jesuitenpater Girolamo Saccheri (1667–1733). Die Schrift erschien im Todesjahr ihres Autors, doch das war nicht der einzige Verlust, den die Welt erlitt: Dieses revolutionäre Buch, das eine historische Wende im Geometrieverständnis hätte hervorrufen können, blieb mehr als hundert Jahre verborgen. Durch Zufall wurde es 1889 entdeckt – nachdem die drei Mathematiker, die die Geometrie und ihre Interpretation veränderten, bereits die Entdeckungen veröffentlicht hatten, die sie unabhängig voneinander gewonnen hatten. Es waren Gauß, Bolyai und Lobatschewski.

Während Girolamo Saccheri am Jesuitenkolleg in Italien Grammatik unterrichtete und Philosophie studierte, las er Euklids *Elemente*. Saccheri war tief beeindruckt von der Art und Weise, wie Euklid den logischen Beweis der *Reductio ad absurdum* verwendete. Bei dieser Methode, die auch in der heutigen Mathematik weithin Anwendung findet, nimmt man das Gegenteil dessen an, was man zu beweisen versucht, und macht dann einen logischen Schritt nach dem anderen, bis man einen Widerspruch erhält. Der Widerspruch gilt als Beweis dafür, dass die ursprüngliche Annahme falsch ist – und folglich als Beweis dafür, dass das Gegenteil wahr ist, was zu beweisen war.[1] Saccheri kannte die Arbeit, in der Nasiraddin fünfhundert Jahre zuvor versucht hatte, einen Beweis für Euklids fünftes Postulat aus den anderen vier Postulaten abzuleiten. Nun hatte Saccheri einen glänzenden Einfall: Er verknüpfte die *Reductio ad absurdum* mit der jahrhundertealten Suche nach einem Beweis für das fünfte Postulat, das heißt, er beschloss, mit Hilfe seiner Lieblingsmethode nach einem Beweis zu suchen. Dazu musste er annehmen, dass Euklids fünftes Postulat nicht aus den anderen vier Postulaten folgte, sondern schlicht und einfach *falsch* wäre. Zu dieser Zeit war Saccheri gründlich vertraut mit Euklids fünftem Postulat und mit den früheren Versuchen, es zu beweisen, schließlich hatte er selbst gezeigt, dass Nasiraddins Beweis falsch war, genauso falsch wie der Versuch, den 1663 John Wallis (1616–1703) in Oxford unternommen hatte, was Saccheri ebenfalls aufgedeckt hatte.

Saccheri nahm also an, das fünfte Postulat sei falsch, und hoffte, er würde auf einen Widerspruch stoßen. Aber er fand keinen. Stattdessen erhielt Saccheri ein höchst merkwürdiges Ergebnis: Zu einer gegebenen Geraden kann es durch einen gegebenen Punkt mehr als eine Parallele geben. Daraus leitete Saccheri drei mögliche Schlussfolgerungen ab, die er in der äquivalenten Form des fünften Postulats, die Winkelsumme im Dreieck betreffend, formulierte. Erstens, man kann konsistent mit Euklids ersten vier Postulaten ein System erhalten, in dem die drei Winkel eines Dreiecks zusammen zwei rechten Winkeln entsprechen (Euklid); zweitens ist ein System denkbar, in dem die Summe der drei Winkel einen Wert ergibt, der kleiner als zwei rechte Winkel ist (das heißt kleiner als 180 Grad); drittens wäre da ein System, bei dem die drei Winkel zusammen größer als zwei rechte Winkel sind (also größer als 180 Grad). Heute wissen wir, dass die beiden letztgenannten Systeme eigene *nichteuklidische* Geometrien sind, jedes in sich konsistent und mathematisch gültig. Sie stellen Ansichten anderer Welten dar. Mit diesen neuen Systemen erzielte Saccheri eine Anzahl wichtiger Ergebnisse. Doch er war sich nicht bewusst, das er sie entdeckt hatte und dass sein vergebliches Bemühen, eine *Reductio ad absurdum* zu erzielen, einfach daran lag, dass diese Systeme nicht falsch waren. Vielmehr waren sie mathematisch korrekt! Leider war Saccheri zu dem Zeitpunkt, als man diesen Umstand entdeckte, schon lange tot. Euklids fünftes Postulat, das von dem Tag an, da es zu Papier gebracht wurde, Generationen von Mathematikern narrte und zur Verzweiflung trieb, ging von der stillschweigenden Voraussetzung aus, dass die Welt vollkommen flach sei. In einer solchen Welt gibt es Geraden, die ins Unendliche verlängert werden können und vollkommen gerade bleiben, ohne die geringste Biegung zu zeigen.[2] Stellen Sie sich eine flache Ebene vor. Auf ihr gibt es durch einen gegebenen Punkt und zu einer bestimmten Geraden, die unterhalb des Punktes verläuft, genau eine Parallele. Parallelen erstrecken sich ins Unendliche und treffen sich nie. Sie bleiben ewig parallel. Auf der Ebenen addieren sich die Winkel jedes Dreiecks zu 180 Grad. Stellen Sie sich die Ebene jetzt als ein flaches Gummituch vor, unter dem langsam eine große Kugel emporsteigt und das Tuch nach oben drückt. Das Gummituch krümmt sich um die aufsteigende Kugel, bis die Fläche zu einer Art großem Ballon wird. Was geschieht unter diesen Umständen mit Geraden, die parallel verlaufen? Sie biegen sich und sehen nun auf der runden Fläche aus, als würden sie sich treffen. Auf einer Kugelfläche gibt es keine Geraden, die sich nicht schneiden. Außerdem beläuft sich die Winkelsumme im Dreieck auf *mehr* als 180 Grad. Stellen Sie sich ein Dreieck auf einem Globus vor, mit einem Eckpunkt auf dem Nordpol und den beiden anderen auf dem Äquator. Nun schauen Sie sich die beiden Längen an. Der Winkel, den eine Länge mit dem Äquator bildet, ist ein rechter Winkel, 90 Grad. Folglich sind in diesem Dreieck auf dem Globus bereits zwei der Winkel rechte Winkel und ergeben zusammen 180 Grad. Der Winkel zwischen den beiden Längen dort, wo sie sich am Nordpol treffen, sorgt also dafür, dass die Winkelsumme mehr als 180 Grad beträgt.

Die nichteuklidische Geometrie entwickelte sich in eine andere Richtung, als Saccheri gedacht hatte. Unsere ursprüngliche Ebene wurde durch eine Kugel, die sie von unten hochdrückte, sphärisch verformt. Hätte Euklid auf Cape Perpetua gestanden und gesehen, dass die Erde rund ist, und hätte er diesen Umstand gebührend auf sich einwirken lassen (denn vielleicht hat er gewusst, dass die Erde rund ist, sich aber die Bedeutung dessen nicht genügend klar gemacht), dann hätte sich die Geometrie vielleicht ganz anders entwickelt. Übrigens könnte die Ebene auch *hyperbolisch* und nicht sphärisch verformt werden, dann nimmt sie die Form eines *Sattels* an. In einer solchen Welt sind unendlich viele «Geraden», die durch einen beliebigen Punkt gehen, parallel zu jeder gegebenen Linie, und die Dreiecke sind hier dünn: Ihre Winkelsumme ist *kleiner* als 180 Grad.

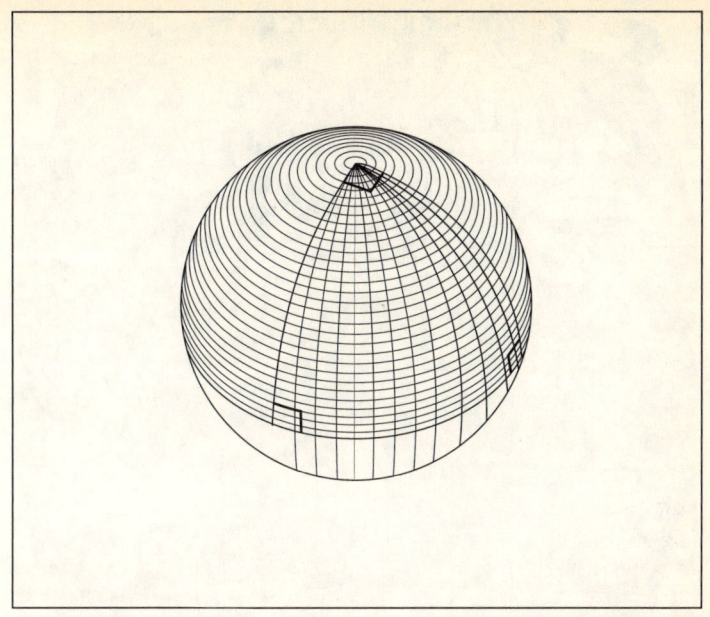

In dieses seltsame Universum hatte es Saccheri kurz vor seinem Tod unwissentlich verschlagen. Doch entscheidend in beiden Fällen, im sphärischen wie im hyperbolischen Fall, ist der Umstand, dass die Ebene verformt ist. Stellen Sie sich einen flachen Marmortisch vor, auf den man Eisenstäbe zu Dreiecken zusammengelegt hat. Nun entzündet jemand unter dem Tisch ein Feuer. Die Wärme des Feuers verformt die Stäbe auf dem Tisch, woraufhin sich die Dreiecke verändern: Die Stäbe verbiegen sich unter dem Ein-

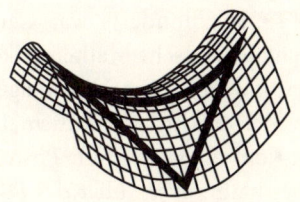

Kleiner und kleiner
M. C. Escher © 1999 Cordon Art – Baarn, Niederlande. Alle Rechte vorbehalten.

fluss der Hitze – die Winkelsumme beträgt nicht mehr 180 Grad. Dieses Beispiel wählte Albert Einstein zweihundert Jahre später, um zu beschreiben, wie sich nichteuklidische Geometrie in der wirklichen Welt manifestiert.

Zu Beginn des 19. Jahrhunderts war Carl Friedrich Gauß (1777–1855), der geniale deutsche Mathematiker, der so entscheidend zum Fortschritt seiner Wissenschaft beigetragen hat, die beherrschende Persönlichkeit in der Mathematik. Gauß hat sich jahrzehntelang den Kopf über das fünfte Postulat von Euklid zerbrochen. Er hat aber kaum etwas über das Rätsel veröffentlicht,

Himmel und Hölle

das ihn so viel Zeit und Energie kostete. Obwohl er über viele wichtige Probleme der Mathematik geschrieben hat, kennen wir seine Überlegungen zur Geometrie vor allem aus seinen Briefen. Gauß war vollkommen klar, dass die Widerlegung des fünften Postulats zur nichteuklidischen Geometrie führte. Während seines Studiums an der Universität Göttingen freundete sich Gauß mit einem anderen Mathematikstudenten an, dem Ungarn Wolfgang (oder Farkas) Bolyai (1775–1856). Gauß und Bolyai verbrachten viel Zeit mit dem Versuch, Euklids fünftes Postulat zu beweisen.

Drei Kugeln I

1804 glaubte Bolyai, einen Beweis gefunden zu haben, und verfasste ein kurzes Manuskript, das er seinem Kommilitonen schickte. Doch Gauß fand rasch einen Fehler in dem Beweis. Unverdrossen setzte Bolyai seine Bemühungen fort und sandte Gauß einige Jahre später einen neuen Beweis. Auch der war falsch. Obwohl Wolfgang Bolyai als Professor, Dramatiker, Dichter, Musiker und Erfinder tätig war, setzte er diese mathematischen Studien sein ganzes Leben lang fort, ohne sich von seinen gescheiterten Versuchen, das Parallelenpostulat zu beweisen, entmutigen zu lassen. Am 15. Dezember 1802 wurde Wolfgangs Sohn Johann (Janos) Bolyai (1802–1860) geboren. Wolfgang schrieb einen begeisterten Brief an Gauß, in dem er ihm die Geburt des Sohnes mitteilte, «ein gesundes und sehr schönes Kind mit guten Anlagen, schwarzen Haaren und Augenbrauen, brennenden, tiefblauen Augen, die gelegentlich wie zwei Juwelen funkeln».

Schon in jungen Jahren erhielt Johann Mathematikunterricht vom Vater. Er erbte die Leidenschaft des Vaters für Euklids fünftes Postulat und wollte wie dieser beweisen, dass es aus den anderen Postulaten und Sätzen des Euklid hervorgehe. 1817 ging der jüngere Bolyai an die k. u. k. Technische Militärakademie in Wien, wo er seinem Vater nacheiferte und einen Großteil seiner Zeit mit dem Versuch verbrachte, das fünfte Postulat zu beweisen. Daraufhin flehte der Vater ihn in seinen Briefen an, seine Zeit nicht an ein Problem zu verschwenden, das ihn selbst so viel Energie gekostet habe.

Sein Sohn war unbelehrbar. Verbissen verfolgte er sein Ziel, vielleicht um die jahrzehntelangen Bemühungen des Vaters nachträglich zu rechtfertigen. 1820 gelangte Johann Bolyai zu einer verblüffenden Schlussfolgerung. Das fünfte Postulat fiel nicht etwa aus dem Rest der euklidischen Geometrie heraus, sondern erwies sich als Tor zu einem verwunschenen Garten: zu einer neuen *Absoluten Wissenschaft vom Raum*, wie er sie nannte, in der Euklids Geometrie nur ein Sonderfall ist.

Bolyai begann mit der Playfair'schen Version des Parallelenpostulats: dass nur genau eine Parallele zu einer Geraden durch einen Punkt gezeichnet werden kann, der sich nicht auf der Geraden befindet. Dann nahm Bolyai an, das Postulat sei nicht wahr. Das würde bedeuten, so sein Schluss, dass es zu einer gegebenen Geraden entweder keine einzige oder mehr als eine gibt. Doch nach Euklids anderen Annahmen ist eine Gerade *unendlich*. Diese Folgerung steht, wie Bolyai zeigte, im Widerspruch zur ersten Annahme, sodass die zweite Möglichkeit als denkbare Alternative zu Euklids fünftem Postulat bleibt. Wenn zwei Geraden parallel zu einer gegebenen Geraden durch einen nicht auf der Geraden liegenden Punkt verlaufen, gibt es unendlich viele solche Geraden. Das ist in der Abbildung unten dargestellt.

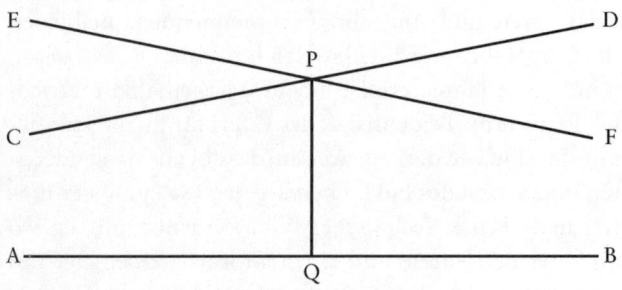

Die Geraden CD und EF sind parallel zu AB durch P.

Die Folgerungen, die sich daraus ergaben, verwirrten den jungen Bolyai. Seine neue Geometrie entwickelte sich ohne Widersprüche, ohne Hindernisse, als sei es Gottes eigener Wille, dass die Geometrie des Raumes diesem erstaunlichen neuen nichteuklidischen Pfad folgte. Besonders begeistert war Bolyai, dass sich viele Aussagen ergaben, bei denen man nicht auf irgendwelche Annahmen über Parallelen zurückgreifen musste und die daher für alle denkbaren Geometrien galten: euklidische und nichteuklidische. Diese Aussagen beschrieben wesentliche Eigenschaften des Raums. 1823 teilte Bolyai, erst einundzwanzigjährig, seinem

Vater mit: «Aus dem Nichts habe ich ein seltsames neues Universum erschaffen.»

Der Vater bot seine Hilfe an und nahm schließlich die bahnbrechende Arbeit seines Sohnes als Anhang in sein eigenes mathematisches Werk auf, dessen Kurztitel *Tentamen* lautete und das 1832 erschien.

Nachdem Gauß das Buch der beiden Bolyais gelesen hatte, erklärte er, er selbst sei nach dreieinhalb Jahrzehnten Auseinandersetzung mit dem Problem des fünften Postulats zu ähnlichen Schlussfolgerungen gekommen. Nikolai Iwanowitsch Lobatschewski (1793–1856) studierte an der Universität Kasan, 400 Kilometer östlich von Moskau in Richtung Ural, und schloss das Studium 1813 ab. Später wurde er Professor an der Universität und 1827 ihr Rektor. Er bekam den Beinamen «Kopernikus der Geometrie», weil sein Werk, die Lobatschewski'sche Geometrie, eine Revolution der Geometrie bewirkte, indem sie das Parallelenpostulat aufhob, was, wie gezeigt, Bolyai unabhängig von ihm gelungen war. Anfang des 19. Jahrhunderts, als die Arbeiten von Bolyai, Lobatschewski und Gauß bekannt wurden, bezeichneten einige Mathematiker die nichteuklidische Geometrie als *Astralgeometrie* – die Geometrie der Sterne, obwohl nicht ganz klar war, wie sie zu diesem Namen kam.[3]

In der Geometrie von Bolyai, Lobatschewski und Gauß beträgt die Winkelsumme im Dreieck keine 180 Grad. Und ein Kreis in dieser Geometrie ist nicht der normale Kreis aus der alltäglichen (euklidischen) Welt: Hier ist das Verhältnis von Kreisumfang zu Durchmesser nicht gleich der natürlichen Zahl Pi.

* * *

Einstein ließ sich von den Schlussfolgerungen leiten, die sich aus dem «glücklichsten Gedanken» seines Lebens ergaben. Immer noch am Schweizer Patentamt, führte er eines seiner berühmten Gedankenexperimente durch. Er stellte sich eine rotierende Scheibe im Raum vor. Der Mittelpunkt der Scheibe bewegt sich nicht, doch der Umfang dreht sich schnell. Einstein verglich die Ergebnisse dieses Vorgangs in mehreren *Bezugssystemen*, eine seiner Standardmethoden, die er bei der Entwicklung der speziellen Relativitätstheorie angewandt hatte. Mit Hilfe seiner speziellen Relativitätstheorie gelangte er zu dem Schluss, dass sich die Grenze der Scheibe beim Rotieren zusammenziehe. Es gibt eine Kraft, die an der Grenze auf den Kreis einwirkt – die Zentrifugalkraft; ihre Wirkung ist der Gravitationskraft analog. Doch die Kontraktion, die auf den äußeren Kreis einwirkt, lässt den Durchmesser unverändert. Damit, so der Schluss, der Einstein selbst überraschte, ist das Verhältnis von Umkreis zu Durchmesser nicht mehr Pi. Er folgerte daraus, dass die Geometrie des Raums in Gegenwart einer Gravitationskraft (oder eines Gravitationsfelds) nichteuklidisch ist.

Kapitel 5
Grossmanns Kolleghefte

> «Er, auf gutem Fuß mit den Lehrern und alles ver-
> stehend; ich, ein Paria; gering geschätzt und wenig
> beliebt.»[1]

Einstein, der ein eigenwilliger und ungeduldiger Student gewesen war, stellte nun fest, dass er für seine revolutionären Theorien doch eine solide mathematische Grundlage brauchte. Größtenteils verschaffte er sie sich, indem er sie aus den Kollegheften von Marcel Grossmann, einem sehr viel sorgsameren Studenten, abschrieb. Marcel Grossmann (1878–1936) wurde in Budapest als Sohn einer Familie mit weit zurückreichendem Schweizer Stammbaum geboren. Mit fünfzehn Jahren kehrte Grossmann in die Schweiz zurück, beendete das Gymnasium und studierte von 1896 bis 1900 Mathematik an der ETH in Zürich. Dann spezialisierte er sich auf Geometrie, promovierte und schrieb später Artikel und Lehrbücher über nichteuklidische Geometrie.

Im Gegensatz zu Einstein war Grossmann sehr gewissenhaft, besuchte alle Lehrveranstaltungen und machte sich ausführliche Aufzeichnungen – ein Musterstudent. Grossmann besuchte die Vorlesungen von Minkowski sowie anderen Mathematikern und Physikern an der ETH. Seine Kolleghefte – die heute im Archiv der ETH aufbewahrt und ausgestellt werden – waren später für Einstein von großer Bedeutung für die Entwicklung der Mathematik, die er so dringend benötigte, um seine allgemeine Relativitätstheorie zu entwickeln. Die entscheidenden Gleichungen, die Einstein aufstellen würde, beruhten auf diesen und anderen noch komplizierteren mathematischen Verfahren. Doch Einstein verdankte seinem Freund Grossmann weit mehr als nur mathematischen Rat. Grossmanns Vater verhalf dem jungen Hochschulabsolventen Einstein zu seiner Anstellung im Schweizer Patentamt in Bern. 1905, in dem Jahr, als Einstein seinen ersten Artikel über die spezielle Relativitätstheorie und die Gleichung $E = mc^2$ veröffentlichte, reichte er auch seine Dissertation an der Universität Zürich ein. Sie trug den Titel «Eine neue Bestimmung der Moleküldimensionen» und war seinem Freund Marcel Grossmann gewidmet.

Grossmann war es auch, der sich Ende 1911 an Einstein in Prag wandte und ihn fragte, ob er an einer Rückkehr in die Schweiz und einem Lehrstuhl an der ETH in Zürich, seiner ehemaligen Alma Mater, interessiert sei. Einstein, dem inzwischen Angebote von zahlreichen Universitäten in Europa vorlagen, gefiel der Gedanke ausnehmend gut, in die Schweiz zurückzukehren und an der ETH zu wirken. Zwar hatte er die österreichisch-ungarische Staatsbürgerschaft annehmen müssen, um seine Berufung in Prag antreten zu können, hatte aber seine Schweizer Staatsbürgerschaft behalten. Anfang 1912 kehrte Einstein in die geliebte Schweiz zurück.

Nachdem Einstein zu dem Schluss gekommen war, der Raum sei nichteuklidisch, brauchte er Hilfe. Die erhielt er von seinem alten Freund, der inzwischen ein anerkannter Fachmann genau auf jenem Gebiet geworden war, das Einstein unbedingt verstehen musste. Einige Einstein-Biographen und Autoren von Büchern über die Relativitätstheorie behaupten, Einstein sei kein guter Mathematiker gewesen. Nichts könnte falscher sein. Der Wissenschaftler, dem die Welt die Relativitätstheorien verdankt, war ein hervorragender Mathematiker. Das Problem war nur, dass er in seinen jungen Jahren als Student an der ETH wenig Wert darauf gelegt hatte, in Vorlesungssälen herumzusitzen und mathematischen Weisheiten zu lauschen. Seine mathematischen Kenntnisse reichten aus, um die spezielle Relativitätstheorie zu entwickeln, und er war bislang in der Lage gewesen, sich selbst zusammenzusuchen, was er an mathematischem Wissen brauchte. Ein Musterbeispiel ist Einsteins Beziehung zu dem Mathematiker Hermann Minkowski. An der ETH hatte Einstein Minkowskis Vorlesungen nicht ernst genommen. Jahre später, als die spezielle Relativitätstheorie von der wissenschaftlichen Gemeinschaft akzeptiert worden war, schrieb Minkowski über die Mathematik der Einstein'schen Relativitätstheorie, deren vierdimensionale Raumzeit oft als Minkowski-Raum bezeichnet wird.

Anders als Einstein war Grossmann ein eifriger Mathematikstudent. Seine Aufzeichnungen spielten bei der Entwicklung der allgemeinen Relativitätstheorie eine besondere Rolle. Als Einstein wieder an der ETH war, wurde ihm klar, dass er Hilfe brauchte – und zwar sehr dringend. Wenn der Raum nichteuklidisch war, dann musste er diese Geometrie gründlich verstehen, bevor er irgendetwas mit seinen Ideen über Gravitation und Relativität anfangen konnte. Denn Einstein wusste so gut wie gar nichts über verallgemeinerte Raumgeometrien.

Also holte Grossmann seine vergilbten Vorlesungsaufzeichnungen von der Jahrhundertwende wieder hervor und suchte in ihnen nach Hinweisen, wo Einstein mit dem Entwurf seines Modells vom Universum und der Gravitation beginnen konnte. Seine Aufzeichnungen und seine eigene Beschäftigung mit der Geometrie sagten ihm, dass die spezifischen Methoden, die sein Freund brauchte, am ehesten bei zwei italienischen Mathematikern zu finden seien, die solche Verfahren Ende des 19. Jahrhunderts entwickelt hatten – bei Gregorio Ricci und seinem begabten Studenten Tullio Levi-Civita. Ironischerweise hatte bereits Georg Pick in Prag Einstein auf die Arbeit dieser beiden Mathematiker hingewiesen und die Auffassung vertreten, sie könnte ihm von Nutzen sein im Arsenal der mathematischen Verfahren, die er zur weiteren Entwicklung seiner Theorie brauchte. Offenbar war Einstein damals nicht sonderlich beeindruckt. Unter Grossmanns Anleitung reagierte er jetzt ganz anders.

Die nichteuklidische Geometrie an sich konnte Einstein seine Fragen nicht beantworten. Solche Geometrien beschreiben den

Raum mit Hilfe von Geraden, Winkeln, Parallelen, Kreisen und so fort. Einstein brauchte wesentlich mehr. Vor allem war er auf so genannte Invarianzeigenschaften angewiesen. Gute physikalische Gesetze sind invariant: Ihre Form verändert sich nicht, wenn sich das Bezugssystem oder das Maßsystem verändert. Man braucht zwei Stunden, um eine Entfernung von 70 Kilometern zurückzulegen, wenn man mit 140 Stundenkilometern fährt. An diesem Ergebnis ändert sich nichts, wenn wir die Entfernung in Meilen und die Geschwindigkeit in Meilen pro Stunde angeben. Einstein suchte nach einem mathematischen Werkzeug, das ihm erlaubte, die Krümmung des Raums – seine nichteuklidische Natur – in den Griff zu bekommen, damit die Variablen der Theorie in jeder Art von Raumkrümmung gültig waren. Großzügig stellte Grossmann seine Aufzeichnungen und Unterlagen zur Verfügung, aber sie reichten Einstein nicht, um sein Gravitationsrätsel zu lösen.

Nachdem er 1912 mehrere Monate verbissen an der Lösung des Problems gearbeitet hatte, beklagte er sich bei seinem alten Freund: «Grossmann, du musst mir helfen, sonst werd ich verrückt!» Grossmann zeigte sich einsichtig und begann nun ernsthaft mit Einstein zusammenzuarbeiten. Das Ergebnis waren zahlreiche Artikel, die die beiden über das Gravitationsproblem veröffentlichten. Diese Aufsätze waren ein weiterer Schritt in Richtung einer allgemeinen Relativitätstheorie, reichten aber nicht aus, um die komplizierten Phänomene vollständig zu verstehen, die sie beschreiben wollten.

Daraufhin begann Einstein, sich für das Konzept des Tensors zu interessieren. Dieses Konzept zeigt, wie komplex die Mathematik wurde, die er brauchte, um die Probleme der Relativitätstheorie zu lösen: erst die der speziellen und dann die noch komplizierteren der allgemeinen Relativitätstheorie. Einfache Systeme lassen sich durch Gleichungen beschreiben, deren Elemente einfache Zahlen sind. Beispielsweise ist eine Gerade in der Ebene durch die Gleichung $y = ax + b$ gegeben. Dabei sind x und y einzelne Zahlen und a und b Koeffizienten, die ebenfalls für einzelne Zahlen stehen. Bei einer Geraden mit der Steigung $a = 2$ und dem Schnittpunkt $b = 3$ mit der y-Achse kann man den Wert von y, wenn $x = 5$ ist, wie folgt errechnen: $y = 2\,(5) + 3 = 13$. Wenn das Problem komplizierter wird, braucht man unter Umständen mehrere Gleichungen oder eine Gleichung, deren Variablen Zahlenmengen sind. Dabei wäre x ein *Vektor*, eine geordnete Zahlenmenge, und das Gleiche würde für y und jede andere Variable gelten. In der Physik sind Geschwindigkeit, Beschleunigung und Kraft Vektoren, denn sie haben alle einen Betrag und eine Richtung. Folglich ist es nicht möglich, solche Größen durch Angabe einer einzigen Zahl zu beschreiben.

Doch was Einstein jetzt brauchte, war eine noch weiter gehende Verallgemeinerung. Er brauchte einen Tensor. Ein Vektor im dreidimensionalen Raum hat drei Komponenten. Ein (zweistufiger) Tensor im dreidimensionalen Raum hat $3^2 = 9$ Komponenten. Eine Tensorgleichung gehorcht dem von Einstein benötigten Invarianzprinzip, und Tensoren erwiesen sich als die geeigneten mathematischen Objekte, um die allgemeine Relativitätstheorie zu formulieren. Die Geometrie der vierdimensionalen Raumzeit (drei Dimensionen des Raums, eine der Zeit) beispielsweise konnte Einstein mit Hilfe des so genannten *metrischen Tensors* $g_{\mu\nu}$ beschreiben, einem mathematischen Objekt, das die Abstandsverhältnisse in der gekrümmten Raumzeit beschreibt. Doch Einstein brauchte noch eine andere Methode – eine allgemeinere Methode als die Verfahren von Ricci und Levi-Civita, eine Methode, die ihm erlaubte, den metrischen Tensor so zu manipulieren, dass das Invarianzprinzip bei jeder Transformation seiner Gleichungen Bestand hatte, eine Methode zur Behandlung der Raumkrümmung, egal, welche Form sie annahm. Bei seiner Arbeit mit Grossmann galt die Invarianz nur für lineare Transformationen, Situationen, die zu eingeschränkt waren für das, was er vorhatte. Doch erst im Sommer 1913 wurde Einstein richtig klar, welche Mängel seine Arbeit mit Grossmann noch aufwies.

Das neue Leben in Zürich gefiel Einstein ausnehmend gut. Er befand sich an einem Ort, den er gut kannte und sehr mochte, und er war bei seiner Familie. Seine Frau Mileva und die beiden Söhne hingen sehr an der Schweiz, und das trug zu seinem Wohlbefinden bei. Außerdem war er wieder von Freunden umgeben. Hier begann er, die Probleme des Universums mit Kollegen und Studenten zu erörtern. Die vorläufigen Gravitationsgleichungen, die er bisher entwickelt hatte, ließen bereits erste Folgerungen für das Universum als Ganzes erkennen, und er ging diesen Implikationen für das Universum, in dem wir leben, mit großer Begeisterung nach.

Häufig ist der unbeschwerte Einstein von Freunden und Kollegen beschrieben worden, wie er umringt von einer Gruppe von Studenten den Vorlesungssaal verließ und sein Lieblingscafé aufsuchte, das Terrassencafé am Fuße des Zürichbergs. Stundenlang diskutierten sie dort die philosophischen Konsequenzen der Theorien über die Ausdehnung, Form, Vergangenheit und Zukunft des Raums, in dem wir leben.

Doch 1913 erhielt Einstein einen Besuch, der sein Leben abermals veränderte und ihn und seine Familie wieder zu einem Ortswechsel veranlasste. Es waren Max Planck (1858–1947) und Hermann Nernst (1864–1941), die nach Zürich kamen. Max Planck war der bedeutendste Physiker der Zeit – ein Mann, der entscheidend an der Entwicklung der Quantentheorie beteiligt war. Nach einem späteren Bekenntnis von Einstein war Planck der einzige Physiker, den er wirklich bewunderte. Bewunderung und Hochachtung beruhten auf Gegenseitigkeit. Planck und der Physiker Hermann Nernst hatten sich mit Nachdruck für Einsteins Berufung an die Universität Berlin eingesetzt.

Planck und Nernst suchten Einstein in seiner Züricher Wohnung auf. Ihm lagen inzwischen weitere Angebote vor, unter anderem eines aus Leiden in den Niederlanden. Die beiden redeten mit Engelszungen auf ihn ein, damit er die Stelle in Berlin annahm, aber er wollte sich nicht übereilt entscheiden. Während er sich die Sache überlegte, brachen Planck und Nernst zu einer Klettertour in die Schweizer Alpen auf. Einstein versprach ihnen, dass er bei ihrer Rückkehr eine Entscheidung getroffen hätte. Er werde ihnen ein Zeichen geben, sie würden seine Antwort sofort erkennen, sagte er. Als der Zug auf dem Züricher Bahnhof einrollte, sahen sie Einstein auf dem Bahnhof stehen. Er hielt eine rote Rose in der Hand.

Warum Einstein Zürich, das er liebte, verlassen hatte, um nach Berlin zu gehen, wo sich bereits antisemitische Tendenzen abzeichneten, ist Gegenstand vieler Spekulationen gewesen. Offenbar hatte Einstein viele Gründe, eine so unerwartete Entscheidung zu treffen. Erstens war Berlin ein weit bedeutenderes wissenschaftliches Zentrum als Zürich. Wissenschaftler von Weltruf wie Max Planck lebten dort. Zweitens war mit der Einstein angebotenen Stellung keinerlei Lehrverpflichtung verbunden. Das war ein wichtiger Gesichtspunkt, weil Einstein oft beklagt hatte, dass er für seine Lehre viel Zeit und Energie aufwenden müsse, die er für seine Forschung dringend brauchte. Und ein dritter Grund war Einsteins Wunsch, ein großes Observatorium in der Nähe zu haben, damit er unmittelbar mit Astronomen zusammenarbeiten konnte. Mehr denn je sehnte er sich nach einem astronomischen Beweis für die Lichtbeugung, die seine noch unvollständige Relativitätstheorie vorhersagte. In Berlin gab es mindestens einen Astronomen, mit dem er seit geraumer Zeit in regelmäßigem Briefwechsel stand – Erwin Finlay Freundlich.

Die Probleme, die sich bei den zusammen mit Grossmann entwickelten Gleichungen ergaben, blieben Einstein zunächst verborgen. Am 7. November 1913 schrieb er seinem Freund Paul Ehrenfest (1880–1933) einen Brief, in dem er den Stand der Dinge wie folgt zusammenfasste: «Die Gravitationsaffäre hat sich zu meiner *vollen Befriedigung* aufgeklärt (der Umstand nämlich, dass die Gleichungen des Gr. Feldes nur *linearen* Transformationen gegenüber kovariant sind. Es lässt sich nämlich beweisen, dass *allgemein kovariante* Gleichungen, die das Feld aus dem materiellen

Paul Ehrenfest, Albert Einstein, ca. 1921
Fotografie von Willem J. Luyten,
mit freundlicher Genehmigung von AIP Emilio Segrè Visual Archives

Tensor *vollständig* bestimmen, überhaupt nicht existieren können.»[2] Zwei Jahre später hatte Einstein seinen Fehler erkannt und
allgemein kovariante Gleichungen entwickelt – seine Feldgleichungen der Gravitation. Das geschah in Berlin, mitten im Ersten
Weltkrieg. Doch Einstein ließ in Zürich ein sonderbares kleines
Notizbuch zurück, das Ableitungen von Gleichungen enthielt, unter anderem Versuche, die erstrebte Feldgleichung der Gravitation
abzuleiten. Dieses Notizbuch wurde achtzig Jahre später von Forschern entdeckt und führte zu unerwarteten Erkenntnissen über
Einsteins Arbeit.

Die Wege von Einstein und Grossmann trennten sich, als Einstein Zürich verließ. Grossmann beschäftigte sich in den folgenden Jahren verstärkt mit sozialen und politischen Fragen. Vor
allem bemühte er sich um karitative Hilfe für Studenten aller Nationalitäten, die in Kriegsgefangenschaft geraten waren. 1920 zeigten sich die ersten Anzeichen der multiplen Sklerose, an der er

1936 verstarb. 1931, nachdem Einsteins allgemeine Relativitätstheorie längst anerkannt war, schrieb Grossmann eine bitterböse Abhandlung gegen bestimmte Aspekte der Theorie, offenbar voller Zorn, weil er gehört hatte, dass Einstein einen Vortrag über diese Themen gehalten hatte. Einstein scheint ihm diesen Verrat an ihrer Freundschaft und Forschungsgemeinschaft nicht übel genommen zu haben, denn 1955 fand er im Gedenken an Grossmann und ihre Zusammenarbeit rührende und liebevolle Worte. Er schrieb, er habe später entdeckt, dass die mathematischen Schwierigkeiten, mit denen Grossmann und er sich herumgeschlagen hätten, schon fast hundert Jahre früher von dem deutschen Mathematiker Bernhard Riemann gelöst worden seien.

Kapitel 6
Die Krim-Expedition

«Ich freue mich darüber, dass die Fachgenossen sich überhaupt mit der Theorie beschäftigen, wenn auch vorläufig nur mit der Absicht, dieselbe totzuschlagen.»

Albert Einstein an Erwin Finley Freundlich, Brief vom 7. August 1914[1]

Krim, August 1914

Als Deutschlands Kriegserklärung an Russland erfolgte, wurde ein deutscher Wissenschaftler von den Russen am Ufer des Schwarzen Meers gefangen gesetzt und nach Odessa verbracht. Er reiste mit einer verdächtig aussehenden Ausrüstung – einem Teleskop. Diese Ausrüstung wurde beschlagnahmt und ihr Besitzer bis Ende August in Gewahrsam gehalten. Dann wurden er und sein Team gegen hochrangige russische Offiziere ausgetauscht, die in deutsche Gefangenschaft geraten waren. Während der russischen Gefangenschaft beteuerte Freundlich unablässig, er sei Wissenschaftler und in Russland, um eine Sonnenfinsternis zu beobachten. Kaum war Freundlich in Berlin, suchte er Albert Einstein auf. Warum riskierte Freundlich sein Leben, indem er in ein Land reiste, das sich mit Deutschland im Krieg befand? Was wollte er dort? Und in welcher Beziehung stand er zu Einstein, einem deutschen Wissenschaftler, der einst seine deutsche Staatsbürgerschaft aufgegeben hatte, um sie später wieder zu beantragen, damit er seine Stellung in Berlin antreten konnte?

* * *

Kurz nach seinem Treffen mit Pollak in Berlin nahm Erwin Freundlich die Zusammenarbeit mit Einstein auf, der damals noch in Prag war. Im April 1912 trafen sich die beiden in Berlin, als Einstein den Gravitationslinsen-Effekt entdeckte.[2] Ein Jahr später statteten Freundlich und seine junge Frau auf ihrer Hochzeitsreise Einstein einen Besuch in Zürich ab. Als die Jungvermählten im September 1913 auf dem Züricher Bahnhof eintrafen, erblickten sie Fritz Haber auf dem Bahnsteig, den damaligen Leiter des Kaiser-Wilhelm-Instituts für physikalische Physik in Berlin, und neben ihm eine Gestalt in legerem Anzug mit Strohhut auf dem Kopf – Albert Einstein.

Einstein lud Freundlich und seine Braut zu einem Abstecher nach Frauenfeld ein, wo er einen Vortrag über die Relativitätstheorie hielt. Von dort aus fuhren sie an den Bodensee und dann zurück nach Zürich. Während der ganzen Zeit erörterte Einstein angelegentlich Probleme der Theorie und Möglichkeiten ihrer Verifizierung mit seinem Besucher. Am 8. November erhielt Einstein einen Brief von Professor Campbell vom Lick-Observatorium in Kalifornien. Einstein hatte ihn brieflich um Fotografien von Sternen in der Nähe der Sonne gebeten, die während einer Sonnenfinsternis mit dem Teleskop der Sternwarte aufgenommen worden waren. Freundlich erhielt die Fotos zur näheren Analyse, die aber nichts erbrachte.

In erster Linie wissen wir von Einsteins Beziehung zu Freundlich aus einer Sammlung von fünfundzwanzig Briefen, die Einstein in einem Zeitraum von zwanzig Jahren, von 1911 bis 1931, an den jüngeren Astronomen schrieb.[3] Die Briefe erzählen eine faszinierende Geschichte. Sie handelt von den Launen des Schicksals, von dem verzweifelten Wunsch des bedeutendsten theoretischen Physikers seiner Zeit, seine Hypothese experimentell zu bestätigen, und von seiner Hoffnung, dass dazu ein eifriger junger Astronom in der Lage sein könnte. Es ist eine Geschichte über die Brutalität des Kriegs, über die Brutalität der Politik und darüber, wie beides sich gegen den Erkenntnisdrang der Menschheit verschwor. Aber es ist auch eine Geschichte über Glück, Glaube, Zuversicht und den wechselhaften Charakter menschlicher Beziehungen.

In seinem ersten Brief an Freundlich dankte Einstein diesem überschwänglich für sein großes Interesse an einem so wichtigen Problem (dem der allgemeinen Relativitätstheorie). Er ermutigte ihn, sich bei der Suche nach Beobachtungsbelegen für die Vorhersagen der Theorie alle erdenkliche Mühe zu geben, denn mit der Entdeckung solcher Beweise würde die Astronomie der Wissenschaft einen großen Dienst erweisen. In Einsteins Worten klingt ein Anflug von Verzweiflung mit. Wenn man seine Briefe liest, gewinnt man den Eindruck, dass er alles dafür gegeben hätte, um mit physikalischen Mitteln zu beweisen, dass seine Theorie richtig war.

Der Raum krümmt sich in der Umgebung massereicher Objekte, und ein Lichtstrahl, der in der Nähe eines solchen Objekts vorbeikommt, wird abgelenkt. Außerdem verliert ein Lichtstrahl Energie, wenn er sich in einem Gravitationsfeld bewegt, wie die Frequenzverschiebung zum roten Ende des Spektrums zeigt (Gravitations-Rotverschiebung) – so wie jemand außer Atem gerät, wenn er eine Wendeltreppe emporsteigt. Einstein konzentrierte seine Aufmerksamkeit auf das Phänomen der Lichtablenkung, von dem er fest überzeugt war und dessen Nachweis das Kernthema seiner Diskussionen mit Freundlich bildet.

Den günstigsten Weg, die Lichtablenkung nachzuweisen, hätte die Natur den Menschen leider verbaut, so beklagt sich Einstein in einem Brief an Freundlich am 1. September: «Wenn wir nur einen ordentlichen größeren Planeten als Jupiter hätten! Aber die Natur hat es sich nicht angelegen sein lassen, uns die Auffindung ihrer Gesetze bequem zu machen.»[4] Denn leider ist der Ablenkungseffekt für den Jupiter, dessen Masse nur rund ein Tausendstel der Sonnenmasse beträgt, rund hundertmal kleiner als für die Sonne, und damit nicht groß genug, als dass Einstein auf einen Nachweis hoffen konnte.

Die Diskussion Einsteins mit Freundlich konzentriert sich daher auch auf die Sonne, zunächst insbesondere auf die Frage, ob sich denn Sternenlicht überhaupt bei Tage beobachten lasse. Denn nur am Tag konnte man das Licht eines fernen Sterns in der Nähe der Sonne beobachten und seine Ablenkung bestimmen, wenn man die zu erwartende Position des Sterns kannte. Ein Vergleich zwischen der erwarteten und der beobachteten – das heißt von der durch die Ablenkung beeinflussten – Position der Strahlen hätte die Existenz des Phänomens bewiesen. Einstein wollte wissen, ob Astronomen eine Möglichkeit hätten, Sterne bei Tageslicht zu sehen und einen Stern zu finden, der ganz in der Nähe der Sonne am Himmel stehe.

Anfang 1913 schrieb Einstein erneut an Freundlich und dankte ihm für seinen sehr interessanten Brief und sein großes Engagement bei der Suche nach Beweisen für *Die Theorie*. Er berichtete von aufregenden Einzelheiten seiner Arbeit an dem erweiterten Relativitätskonzept und spickte den Brief mit Fragen, die offensichtlich dem Zweck dienten, das Interesse des jüngeren Kollegen an dem Projekt wachzuhalten. Einsteins Brief vermittelt einen lebhaften Eindruck von seiner fieberhaften Suche nach einer überzeugenden Form seiner Theorie. Leidenschaftlich äußert er sich zu konkurrierenden Theorien – von Abraham, Mie und Nordström. Gunnar Nordström (1881–1923), ein finnischer Physiker, hat höchst interessante Arbeiten zu Einsteins Feldgleichungen vorgelegt. Einstein und Grossmann stießen bei ihren Versuchen, diese Feldgleichungen zu entwickeln, auf Schwierigkeiten, weil sie von Parametern abhängig waren. Nordström versuchte, eine andere allgemeine Relativitätstheorie abzuleiten, bei der die Lichtgeschwindigkeit c nicht von einem Feld abhing, wie Einstein es in seine Gleichungen eingeführt hatte. In seinem Brief an Freundlich und in der nachfolgenden Korrespondenz wird deutlich, wie verzweifelt Einstein seine Suche forcierte. Nordströms Theorie tut Einstein als «phantastisch» ab und schreibt ihr nur sehr geringe Aussichten zu, richtig zu sein. Wenn Nordströms

Theorie richtig sei, werde es eine Rotverschiebung infolge der Gravitation geben, aber keine Lichtablenkung. Daher suche er dringend nach einer Methode, mit der sich feststellen lasse, ob Lichtstrahlen im Gravitationsfeld massereicher Objekte abgelenkt würden oder nicht. Ein solcher Test müsse zeigen, ob er oder Nordström Recht habe. Die Sprache des Briefschreibers lässt keinen Zweifel daran, mit welchem Ehrgeiz er sein Vorhaben verfolgt. Er ist davon überzeugt, dass er ganz allein mit seiner (noch unvollendeten) Theorie auf dem richtigen Weg ist.

In diesem Brief, den er Anfang oder Mitte 1913 geschrieben hat – das genaue Datum ist nicht bekannt –, erwähnt Einstein zum ersten Mal eine Sonnenfinsternis. Vorher, im Jahre 1912, scheint Einstein noch gemeint zu haben, dass Sternenlicht auch bei Tageslicht in unmittelbarer Nähe der Sonne beobachtet werden könnte. Zwischen Ende 1912 und Anfang 1913 sind Freundlich und er offenbar zu dem Schluss gekommen, dass diese Möglichkeit nicht bestand. Dann hat einer von ihnen wohl die Idee gehabt, dass eine totale Sonnenfinsternis ideale Bedingungen für das Experiment bieten müsste. Eine totale Sonnenfinsternis findet natürlich am Tag statt, wenn die Sonne am Himmel steht, trotzdem sind die Sterne zu beobachten, weil der Mondschatten genügend Dunkelheit schafft. Zwar hat uns die Natur keinen Jupiter gegeben, der groß genug ist, dafür aber dieses wunderbare Phänomen, das etwa alle zwei Jahre *irgendwo* auf der Erde stattfindet und uns ermöglicht, die Sterne und die exakte Position der Sonne mitten am Tag zu beobachten.

Sobald Einstein sich darüber klar geworden war, geriet er in große Erregung. In einem Brief teilte er Feundlich mit, er habe in einer amerikanischen Zeitschrift gelesen, man müsse mehrere optische Systeme miteinander kombinieren, um die Sterne in der Umgebung der Sonne zu erblicken. Das erscheine seinem «Laienhirn» vernünftig, sagte er. Doch in dem späteren Briefwechsel zeigt sich, dass Einstein auch in astronomischen Fragen alles andere als ein Laie war. Offenbar war der große Theoretiker zu dem

Schluss gekommen, dass seine Theorie ohne eine physikalische Bestätigung wenig wert sein würde. In relativ kurzer Zeit scheint er sich eine Menge astronomisches Wissen angeeignet zu haben. In vielen Briefen beschäftigt er sich mit sehr technischen Fragen, die die Konstruktion eines Systems zur Beobachtung von Sonnenfinsternissen und die Vorbereitung von fotografischen Platten für die Aufnahme von Sternen in der Nachbarschaft der Sonne betrafen.

Vor dem 26. August 1913 wiederholt Einstein seine Überzeugung: «Theoretisch ist nun die Angelegenheit zu einem gewissen Abschluss gelangt. Ich bin im Stillen ziemlich fest überzeugt, dass die Lichtstrahlen tatsächlich eine Krümmung erfahren. Außerordentlich interessiert mich Ihr Plan, sonnennahe Sterne bei Tage zu beobachten.» Dann spricht er kurz die Möglichkeit an, dass die kleinen Teilchen, die in der Luft schweben, die Sichtbarkeit und die Bildqualität beeinträchtigen könnten, und erklärt Freundlich: «Wenn man mit *einem* optischen System operiert, muss man die ganze Sonne samt der uns interessierenden Randpartie auf *eine* Platte bekommen. [...] Dem gegenüber ist vorgeschlagen, zwei optische Systeme starr zu verbinden und mit einem derselben eine Randgegend aufzunehmen. Was nicht ohne weiteres klar ist, das ist, wie dann die beiden Bilder aufeinander zu beziehen sind. [...] Ich bin sehr neugierig, von Ihnen Näheres über die in Aussicht genommenen Methoden zu erfahren.»[5] Offenbar war Einstein so entschlossen, für einen fehlerlosen Ablauf zu sorgen, dass er nicht bereit war, den Astronomen die Einzelheiten ihres Handwerks zu überlassen.

Der Theoretiker arbeitete nicht nur an dem Problem der Lichtablenkung. Im gleichen Brief erklärte er, auf Freundlichs Arbeit über Doppelsterne sei er sehr neugierig. Freundlich wollte diese Systeme beobachten, in denen zwei Sterne einander umkreisen. Wenn man irgendwie die Massen beider Sterne und ihre Radialgeschwindigkeiten bestimmen könne, so meinte er, sei es unter Umständen möglich, die von Einsteins allgemeiner Relativitätstheorie vorhergesagte Gravitations-Rotverschiebung zu entdecken, und zwar durch das Licht des einen Sterns, das dicht am anderen vorbeistreiche. Dieser Vorschlag erwies sich leider zunächst als eine experimentelle Sackgasse. Weder Freundlich noch andere Forscher gelangten auf diesem Weg zu brauchbaren Ergebnissen. Das Phänomen wurde schließlich in den sechziger Jahren durch ein Experiment an der Harvard University nachgewiesen. Doch bei der Verfolgung des gemeinsamen Ziels beging Freundlich immer wieder schwerwiegende Rechenfehler, die Einstein erheblich verärgerten. Der Brief schloss mit der Feststellung, falls es in einem solchen Experiment zu einer Veränderung der *Lichtgeschwindigkeit* käme (statt der Frequenz, wie sie in der Rotverschiebung manifest würde), wäre «meine ganze Relativitätstheorie inklusive Gravitationstheorie falsch».[6] Abschließend beteuert er, wie sehr er sich freue, Freundlich endlich zu sehen, wenn er mit seiner Braut auf der Hochzeitsreise nach Zürich komme.

In dem Brief, den Einstein am 27. Oktober 1912 in Zürich schrieb, hatten sie sich bereits in der Schweiz getroffen und ausführlich darüber diskutiert, wie sich die erhoffte Ablenkung des Lichts in der Nähe der Sonne beobachten lasse. Nach der Anrede «Lieber Herr Kollege!» schreibt Einstein: «Ich danke Ihnen herzlich für Ihre ausführlichen Nachrichten und für das ungemein lebhafte Interesse, das Sie unserm Problem entgegenbringen.»[7] Offenbar hatte Freundlich sich bei anderen Astronomen Bilder von früheren Sonnenfinsternissen besorgt und versucht, Sterne in der Umgebung des Schattens zu entdecken. Doch alle diese Versuche waren fehlgeschlagen. Der Grund ist nicht schwer zu erraten. Zwar ist die Sonne bei einer totalen Sonnenfinsternis vollkommen verborgen, doch gilt das nicht für die Sonnenkorona. Helle Feuerzungen greifen von der verborgenen Sonne in alle Richtungen über den dunklen Schatten des Mondes hinaus, der den Körper der Sonne verbirgt. Sterne im Koronagebiet sind sehr schwer zu erkennen. Ihre Verlagerung lässt sich nur durch speziell angelegte Experimente beobachten. Leider hatte zu diesem Zeitpunkt noch niemand ein solches Experiment durchgeführt, weil noch niemand einen Grund gesehen hatte, warum er die Verlagerung von Sternenpositionen in Sonnennähe bestimmen sollte.

Aus dem Rest des Briefes geht hervor, dass die Idee mit der Sonnenfinsternis von Einstein und nicht von Freundlich vorgeschlagen wurde. Auch Freundlichs Nachlässigkeit – die später dazu führte, dass er elementare Rechenfehler bei der Massenbestimmung von Doppelsternen machte – wird schon zu diesem frühen Zeitpunkt erkennbar. Offenbar hat Freundlich behauptet, die Ablenkung von Sternenlicht lasse sich möglicherweise bei Tage auch ohne eine totale Sonnenfinsternis beobachten, jedenfalls macht sich Einstein die Mühe, dieses Argument ausführlich zu entkräften. Geduldig erklärt Einstein, er habe Schweizer Astronomen gefragt, ob ein solcher Versuch gelingen könnte, und ihre Antwort sei ein kategorisches «Nein» gewesen.[8]

Am 7. Dezember 1913 waren sich Einstein und Freundlich einig, unter welchen Bedingungen ein Experiment zur Verifizierung der Lichtablenkung in der Umgebung der Sonne stattzufinden hatte: Man musste eine Expedition zusammenstellen, auf die Krim reisen und die totale Sonnenfinsternis beobachten, die dort für August 1914 vorhergesagt worden war. Bald hatten sie alle Einzelheiten festgelegt, sodass nur noch die Frage der Finanzierung blieb. Nachdem Einstein von Freundlich erfahren hatte, dass alles vorbereitet war – die Reiseroute der Expedition nach Russland und zur Krim, die Verwendung der Teleskopausrüstung, die er konstruiert hatte, die Aufnahmen der Sonne und des Himmels in ihrer Umgebung während der Verfinsterung und der Vergleich dieser Bilder mit der gleichen Himmelsregion bei Nacht, wenn die Sterne auf ihrer normalen Position zu finden waren –, nachdem alle diese Vorbereitungen abgeschlossen waren, wandte Einstein sich sofort an Planck. Er bat ihn, ihm bei der Beschaffung der notwendigen Gelder behilflich zu sein, damit er den Teil der allgemeinen Relativitätstheorie beweisen könne, den er bereits entwickelt habe.

Offenbar war die Preußische Akademie jedoch nicht hinreichend von dem Projekt überzeugt, um es zu finanzieren. In einem Brief vom 7. Dezember an Freundlich erklärt Einstein, Planck sei zwar an dem Problem interessiert, doch wenn die Akademie keine Mittel bereitstelle, dann werde er, Einstein, seine bescheidenen Ersparnisse opfern. Offenbar enttäuscht und zornig darüber, dass er keine finanzielle Unterstützung erhielt, unterstrich Einstein in seinem Brief den Satz: «*Ich werde Struve nicht schreiben.*» Hermann Struve war der Direktor der Königlichen Sternwarte in Berlin. Einstein hatte auf eine Finanzierung des Projekts durch die Sternwarte gehofft, aber offensichtlich eine Abfuhr erhalten. Dann fügte er hinzu: «Sollte alles versagen, so zahle ich die Sache selber aus meinem bisschen Ersparten, wenigstens die ersten 2000 M. Bestellen Sie also nach reiflicher Überlegung nur ruhig die Platten und lassen Sie die Zeit nicht wegen der Geldfrage weglaufen.»[9]

Und dann kam plötzlich Bewegung in die Ereignisse – die wissenschaftlichen wie die politischen –, und nichts konnte ihren Gang noch aufhalten. Am 6. April 1914 zog Einstein mit seiner Familie von Zürich nach Berlin. Mit Habers Hilfe fand er eine Wohnung, doch schon kurz darauf trennten sich Albert und Mileva, worauf sie mit ihren beiden Kindern wieder in die Schweiz zurückkehrte. Darauf zog Einstein in eine Junggesellenwohnung und arrangierte sich wohl mit den veränderten Verhältnissen, wenn auch nicht ohne Kummer, denn er hing sehr an seinen beiden Söhnen. Er nahm alte Verbindungen zu Verwandten in Berlin wieder auf, wobei er besonders von Elsa Einstein, einer Cousine, angetan war, mit der ihn bald eine enge Freundschaft verband. Fünf Jahre nach seiner Trennung von Mileva waren die beiden verheiratet.

Am 2. Juli 1914 wurde Einstein in die Preußische Akademie der Wissenschaften aufgenommen. Mit vierunddreißig Jahren war er bei weitem das jüngste Mitglied. Alle anderen waren altgediente Wissenschaftler in vorgerücktem Alter. Aus Berichten über seine Gespräche mit Kollegen, die er noch in Zürich führte, bevor er von der bevorstehenden Ehrung in Kenntnis gesetzt worden war, ist bekannt, dass Einstein der Auszeichnung keinen besonderen Wert beimaß. Trotzdem hielt er bei seiner feierlichen Aufnahme eine angemessene Rede, in der er sich für die Ehrung bedankte und die Freiheit pries, die er fortan für seine Forschung haben würde. Als Mitglied der Akademie brauchte er sich nicht mehr um die Lehre oder andere Verpflichtungen zu kümmern, sondern konnte sich ganz der Forschung widmen. Aus der Korrespondenz mit Kollegen wissen wir, dass Einstein das Leben in Berlin und die Freiheiten seiner neuen Stellung gefielen. Nun war er auch in der Lage, sich nachdrücklich für die Finanzierung seines Forschungsprojekts einzusetzen.

Wo Einstein von Zürich aus noch gescheitert war, hatte Freundlich in der Zwischenzeit wenigstens einen Teilerfolg erzielt: Direktor Struve hatte sich (wenn auch zähneknirschend) bereit erklärt, Freundlich für das Sonnenfinsternis-Projekt freie Hand zu lassen, allerdings ohne Finanzmittel der Sternwarte beizusteuern. Von Berlin aus und als Akademiemitglied begann Einstein, sich nun intensiv um das Geldproblem zu kümmern. Schließlich bewilligte die Akademie 2000 Mark für das Projekt – die Summe, die Einstein zur Not aus eigener Tasche beigesteuert hätte – und bestimmte diese Mittel für den erforderlichen Umbau der Geräte und die Anschaffung fotografischer Platten. Damit fehlten noch 3000 Mark für die Reise und die Frachtkosten. In einer der vielen merkwürdigen Wendungen, die diese Geschichte auszeichnen, kam das Geld aus einer Quelle, die in der Rückschau höchst merkwürdig erscheint.

Gustav Krupp (1879–1950) war ein deutscher Großindustrieller, dessen Rüstungskonzern damals indirekt für eine ganze Reihe von Massakern verantwortlich war, unter anderem dem der Türken an den Armeniern, wozu Krupp'sche Waffen verwendet worden waren. 1918 entwickelte Krupp weit reichende Spezialgeschütze, mit denen die Pariser Zivilbevölkerung aus einer Entfernung von 400 Kilometern unter Beschuss genommen werden konnte. 256 Pariser bezahlten das mit ihrem Leben.[10] Krupps Geld ermöglichte Hitler, Stimmung gegen den Versailler Vertrag zu machen und 1933 die Stimmen zu bekommen, die er für die Machtergreifung brauchte. Der Konzern übernahm einen Großteil der Waffenproduktion im Zweiten Weltkrieg und war ein unentbehrliches Instrument des Nazi-Terrors. Doch 1914 stiftete Gustav Krupp 3000 Mark für eine Expedition, die das Ziel hatte, nach einem Beweis für Einsteins allgemeine Relativitätstheorie zu suchen.

Je näher der Beginn der Expedition rückte, desto unruhiger, aufgeregter und zerstreuter wurde Einstein. Sein Biograph Ronald Clark berichtet, in der hektischen Zeit vor der geplanten Expedition hätten sich Einsteins Besuche im Hause Freundlich gehäuft. Einstein scheint seinen Expeditionsleiter ständig im Auge behalten zu haben, um nichts dem Zufall zu überlassen. Häufig nahm er sich zu seinen Besuchen bei den Freundlichs Arbeit mit. Wenn das Essen beendet war, schob er seinen Teller zurück und begann, seine Gleichungen auf das kostspielige Tischtuch seiner Gastgeber zu kritzeln. Viele Jahre später erzählte Freundlichs Witwe Clark, sie bedaure, dass sie das Tischtuch nicht behalten habe, wie ihr Mann ihr geraten habe. Es wäre wohl inzwischen einiges wert gewesen.[11]

Offenbar wurde Einstein von zwei Empfindungen beherrscht. Erstens war er äußerst gespannt auf die Ergebnisse der Krim-Expedition. Mittlerweile hatte er einen gewissen Ruf als Wissenschaftler: Seine spezielle Relativitätstheorie war recht wohlwollend von der wissenschaftlichen Gemeinschaft übernommen worden – obwohl sie auch ihre Widersacher hatte. Die allgemeine Relativitätstheorie, die noch in den Kinderschuhen steckte, fand große Aufmerksamkeit bei anderen Wissenschaftlern, die sich teils anschickten, Konkurrenztheorien zu entwickeln, und ihr teils mit verständlicher Skepsis begegneten. Seine Kollegen an der Akademie waren alle älter als er und viel konservativer in Werdegang und Ansichten. Unter ihnen war und blieb Einstein ein Außenseiter. Er musste während dieser Zeit sogar seinen Hang zu salopper Kleidung unterdrücken und sich der steifen Kleiderordnung unterwerfen, um seiner neuen Stellung gerecht zu werden. Er brauchte unbedingt einen positiven Beweis für seine exotische Theorie über Raum, Zeit und Gravitation. Gleichzeitig wurde er immer zuversichtlicher, was die Gültigkeit seiner Theorie anbelangte. In einem Brief an seinen Freund Michele Angelo Besso schrieb Einstein: «Ich zweifle nicht mehr an der Richtigkeit des ganzen Systems, mag nun die Beobachtung der Sonnenfinsternis gelingen oder nicht.»[12] Ironischerweise täuschte sich Einstein, denn Freundlich brach zu seiner Expedition auf, um nach einer Lichtablenkung zu suchen, die nur die Hälfte des tatsächlichen Wertes betrug. Zu diesem Zeitpunkt hatte Einstein bereits eine Grundsatzentscheidung gefällt: Sollten die Ergebnisse des entscheidenden Experiments negativ sein, dann war eben das Experiment falsch – nicht seine Theorie. Das ist ein schlagendes Beispiel dafür, dass in manchen Fällen eine Gleichung, die entwickelt wurde, um die Natur zu beschreiben, für den Theoretiker ein Eigenleben gewinnt und ihm so elegant und göttlich erscheint, dass die Wirklichkeit neben der Formel zweitrangig wird.

Am 19. Juli 1914 verließ Erwin Freundlich Berlin mit zwei Kollegen, einer von ihnen ein Techniker von Carl Zeiss, dem berühmten Hersteller optischer Geräte. Nach einer Reise von einer Woche erreichten sie die Stadt Feodosija auf der Krim und bereiteten sich mit ihrer Ausrüstung auf die Sonnenfinsternis vor. Freundlich hatte vier verschiedene Kameras und ein Teleskop im Gepäck, um bessere Aussichten zu haben, wenigstens ein klares Bild aufzunehmen, das die Sterne während der Verfinsterung in der Nachbarschaft der Sonne zeigte. Die deutsche Expedition traf eine zweite aus Argentinien, die ebenfalls angereist war, um die Sonnenfinsternis zu fotografieren, wenn auch aus anderen Gründen. Interessanterweise wollte das argentinische Team Vulkan auf seinen Platten festhalten – einen hypothetischen kleinen Planeten in der Nähe der Sonne, auf dessen Existenz man aus kleinen, systematischen Aberrationen in der Bahn des Merkurs schloss. Vulkan mit seiner angeblichen Bahn in der nächsten Umgebung der Sonne galt als verantwortlich für das Perihelproblem des Merkurs. Eine weitere Laune des Schicksals wollte, dass ausgerechnet Einsteins Relativitätstheorie, zu deren Überprüfung das deutsche Team angereist war, das Perihelproblem endgültig lösen sollte. Die Verlagerung der Merkurbahn ist nicht auf einen anderen Planeten zurückzuführen. Den gibt es nicht. Schuld sind Auswirkungen des Gravitationsfelds der Sonne auf den Planeten, der ihr so nahe ist. In wenigen Jahren stellte Freundlich selbst eine lange Liste historischer astronomischer Beobachtungen über die Bahn des Merkurs zusammen, die zusammen mit der allgemeinen Relativitätstheorie das Problem lösen sollte. Jetzt teilten die beiden Teams, das aus Argentinien und das aus Deutschland, Informationen und Geräte in gespannter Erwartung jener kostbaren zwei Minuten, während deren die Sonne am 21. August verschwinden würde.

Doch indessen hatte die Geschichte anders entschieden – gegen Wissenschaft und Erkenntnis. Drei Wochen vor Freundlichs Aufbruch von Berlin zur Krim hatte Erzherzog Franz Ferdinand, Thronerbe des österreichisch-ungarischen Reichs, Sarajevo besucht, die Hauptstadt der Provinz Bosnien, die vom Habsburgerreich annektiert worden war. Das serbische Außenministerium hatte sich zu dem ungewöhnlichen Schritt veranlasst gesehen, dem Erzherzog von dem Besuch abzuraten, weil es serbische Unruhen in der Stadt gebe und es möglicherweise keine gute Zeit für einen Besuch sei. Franz Ferdinand ließ sich nicht abschrecken. Am 28. Juni, als er von einem Autokorso zum Rathaus gebracht wurde, schleuderte ein Attentäter eine Bombe auf das Auto des Erzherzogs. Sie explodierte, aber Franz Ferdinand und seine Frau, die Herzogin von Hohenberg, blieben unverletzt. Doch die Verschwörung gegen den Habsburger Thronerben war dicht gesponnen – andere Attentäter warteten am Weg. Eine zweite Bombe wurde auf den Erzherzog geworfen, explodierte jedoch nicht. Dann gelangte der Autokorso an einen Punkt, wo der Wagen des Erzherzogs zurücksetzen musste, um die Richtung zu ändern. In diesem Augenblick zog der dritte Attentäter, der neunzehnjährige Student

Gavrilo Princip, eine Pistole und feuerte auf Franz Ferdinand und seine Frau, die beide tödlich getroffen wurden. Die Verschwörer gehörten zur Terrorgruppe Schwarze Hand, deren Widerstand sich eigentlich gegen die serbische Regierung richtete. Das Ziel der Terrororganisation war die Unabhängigkeit der südslawischen Völker vom Habsburgerreich. Das Attentat erschütterte die Welt. Die dunklen Wolken, die den Ersten Weltkrieg ankündigten, zogen sich über Europa zusammen. Trotz der Wut über das Attentat, die sowohl die Habsburger als auch ihr Verbündeter, der deutsche Kaiser in Berlin, zum Ausdruck brachten, schätzten die Organisatoren der Krim-Expedition die politische Situation offenbar völlig falsch ein und rechneten nicht im Entferntesten mit der Möglichkeit eines bevorstehenden Krieges gegen Russland. Während die schrecklichen Ereignisse ihren verhängnisvollen Lauf nahmen, bereiteten Freundlich und sein Team in aller Ruhe die Beobachtung einer Sonnenfinsternis vor, die am 21. August auf russischem Gebiet stattfinden sollte.

Der Kaiser nahm an einer Regatta vor Kiel teil, als ihm die Nachricht von der Ermordung des Erzherzogs Franz Ferdinand in einem goldenen Zigarettenetui auf die Yacht geworfen wurde. Der Kaiser war außer sich und beschloss seine sofortige Rückkehr nach Berlin. Sein Botschafter in Wien schlug moderate Sanktionen gegen Serbien vor, doch Wilhelm II. war unerbittlich. Er wollte die Serben unschädlich machen, und zwar sofort. Dabei hatte er die öffentliche Meinung in Deutschland auf seiner Seite. Am 4. Juli teilte der deutsche Botschafter Lord Haldane mit, er sei sehr besorgt über die Entwicklung der Situation, die offenbar auf einen Krieg hinauslaufe. Die Engländer rieten zur Mäßigung und hofften auf Frieden. Sie versprachen sich nichts von einem Krieg. Anders dagegen Deutschland und Österreich-Ungarn. Besonders der deutsche Kaiser wollte den Krieg gegen Russland. Er war überzeugt davon, dass man Russland Einhalt gebieten müsse, damit es nicht Deutschlands Hegemonie auf dem europäischen Kontinent gefährde. Wilhelm II. sagte Franz Joseph jede denkbare Unterstützung für den Fall zu, dass dieser an den Serben Vergeltung für die Ermordung seines Sohnes üben wolle – und das, obwohl der Untersuchungsbericht über das Attentat keinerlei Beteiligung der serbischen Regierung erbracht hatte.

Am 23. Juli 1914 stellte Österreich-Ungarn den Serben ein offizielles Ultimatum. Es war ein einzigartiges Dokument in der Geschichte der internationalen Beziehungen, denn Österreich-Ungarn versuchte darin, den Serben vorzuschreiben, was sie innen- und außenpolitisch zu tun hatten. In dem Ultimatum wurden fünfzehn Forderungen aufgestellt, vom Verbot jeglicher antiösterreichischer Propaganda innerhalb der serbischen Grenzen bis zur Beteiligung österreichischer Beamter an der Kommission, die das Attentat untersuchte. Wenn die Serben diesen Forderungen nicht nachkamen, entschieden sie sich für den Krieg. Die Serben waren bereit, alle Forderungen bis auf eine einzige zu erfüllen, doch statt zu verhandeln, ordnete Franz Joseph die Generalmobilmachung an und bereitete einen militärischen Angriff vor. Die Serben hofften auf die Unterstützung Russlands, ihres Verbündeten, und Deutschland war bereit, Österreich-Ungarn zu helfen. In der Hoffnung, den Krieg noch vermeiden zu können, schlug der russische Zar den Österreichern und Serben am 27. Juli vor, ein Abkommen auszuhandeln, doch die österreichische Regierung lehnte Verhandlungen ab. Da die europäischen Nationen im Fall eines bewaffneten Konflikts für die eine oder die andere Seite Partei ergreifen würden, war von vornherein klar, dass ein Weltkrieg drohte.

In den Morgenstunden des 1. August wandte sich Zar Nikolaus ein zweites Mal an den deutschen Kaiser und bat ihn im Namen ihrer langjährigen Freundschaft inständig, ein Blutvergießen zwischen ihren beiden Nationen zu verhindern, doch Wilhelm II. zeigte keinerlei Einsicht. Allerdings hoffte er, den Konflikt auf den Krieg im Osten eingrenzen und einen Angriff auf Frankreich und die Niederlande vermeiden zu können. Sein Generalstab hatte jedoch die Pläne für die Westfront bereits in der Schublade. Noch am selben Tag überquerten deutsche Truppen die Grenze nach Luxemburg und besetzten die Ortschaft Trois Vierges. In dem Bemühen, den Krieg einzugrenzen, befahl der Kaiser seinen Truppen den Rückzug nach Deutschland, änderte seine Meinung aber wenige Stunden später und schickte seine Armee wieder nach Luxemburg hinein, von wo aus sie in Belgien einfiel. Am Abend dieses 1. August schickte King George V. dringliche Telegramme von London nach Berlin und Sankt Petersburg in einem letzten verzweifelten Versuch, den drohenden Ersten Weltkrieg doch noch abzuwenden. Alle diese Bemühungen waren vergeblich. Am späten Abend suchte der deutsche Botschafter den russischen Außenminister in seinem Palast in Sankt Petersburg auf und überbrachte ihm die deutsche Kriegserklärung an Russland.

Bei Kriegsausbruch befand sich das deutsche Team unter Führung Freundlichs auf feindlichem Gebiet. Da die Deutschen empfindliche optische Geräte mit sich führten, konnten die Russen natürlich auf den Gedanken kommen, es handle sich um deutsche Spione. In den ersten Augusttagen des Jahres 1914 wurde Freundlichs Team festgenommen. Die Expeditionsmitglieder wurden zu Kriegsgefangenen erklärt. Am 4. August schrieb Einstein, krank vor Angst, an seinen Freund Ehrenfest: «Mein guter Astronom Freundlich wird in Russland statt der Sonnenfinsternis die Kriegsgefangenschaft erleben. Mir ist bange um ihn.»[13] Die Kriegsgefangenen wurden von der Krim nach Odessa gebracht, wo sie fast einen Monat lang gefangen gehalten wurden. Zufällig hatten die Deutschen gerade eine Gruppe hochrangiger russischer Offiziere gefangen genommen. Als sich die Preußische Akademie der Wissenschaften an die deutsche Regierung wandte, wurden Freundlich und seine Kollegen gegen die russischen Offiziere ausgetauscht. Am 2. September war Freundlich wieder in Berlin. Doch Einsteins Hoffnungen auf eine Verifizierung seiner Theorie durch die Beobachtung der Sonnenfinsternis hatten sich zerschlagen.

Zwar verbrachte Freundlich den Rest der Kriegsjahre in Berlin und arbeitete sogar zeitweilig für Einstein, doch die Beziehung der beiden kühlte merklich ab. Seine Sicht der Dinge brachte Einstein in einem Brief zum Ausdruck, den er Freundlich am 10. September 1921 schrieb und in dem er erklärte: «Ich glaube nicht, dass es uns hilft, uns wiederzusehen. Es freut mich, dass wir so viel Entgegenkommen finden (vergleiche 1914!). Die ganze Änderung unserer äußeren Verhältnisse haben wir den Engländern zu verdanken.»[14] Einstein machte offenbar Freundlich, der immerhin Leben und Freiheit für Einsteins Theorie aufs Spiel gesetzt hatte, alle Unbilden des Krieges zum Vorwurf, ein Groll, der allem Anschein nach fünf Jahre lang andauerte, bis ein Engländer Erfolg hatte, wo er Freundlich versagt geblieben war.[15]

Doch zu diesem Zeitpunkt – 1919 – hatte Einstein seine allgemeine Relativitätstheorie vollendet und den Fehler im Hinblick auf die Größe der Lichtablenkung durch die Sonnengravitation korrigiert. Diese Korrektur erfolgte am 18. November 1915, als Einstein die erwartete Lichtablenkung in unmittelbarer Sonnennähe mit 1,75 Bogensekunden angab, doppelt so groß wie 1914 vorhergesagt. Da stellt sich die philosophische Frage: Was wäre geschehen, wenn die Geschichte Freundlich gestattet hätte, sein Experiment durchzuführen – und eine Ablenkung von 1,75 Bogensekunden zu entdecken (plus/minus eines Experimentalfehlers), anstelle der 0,87 Bogensekunden, die Einstein vorhergesagt hatte? Wäre die allgemeine Relativitätstheorie dann als richtig oder als falsch beurteilt worden?

Es sei darauf hingewiesen, dass die kleinere Größe, 0,87 Bogensekunden, der Lichtablenkung entspricht, die sich ergibt, wenn man vom Teilchencharakter des Lichts und der Newton'schen Gravitationstheorie ausgeht. Erst die endgültige *Relativitätstheorie* führte zu einer Verdoppelung des Wertes. Also wäre durchaus denkbar gewesen, dass die wissenschaftliche Gemeinschaft Freundlichs Experiment, selbst wenn es gelungen wäre, nicht als Beweis für die allgemeine Relativitätstheorie anerkannt hätte. Vielleicht hätte Einstein einfach geduldig warten müssen, bis seine

Theorie abgeschlossen war, bevor er nach Beweisen suchte, statt seinem loyalen Astronomen Vorwürfe zu machen.

Einsteins undankbare Haltung gegenüber Freundlich kam in den folgenden Jahren in vielfacher Hinsicht zum Ausdruck, sodass man nur Mitleid für den Astronomen empfinden kann, der so viel für Einstein riskiert und an eine Theorie geglaubt hatte, die damals in der wissenschaftlichen Gemeinde auf massive Skepsis stieß.

Im Laufe der Zeit manifestierte sich Einsteins herablassende und gelegentlich auch kaltschnäuzige Haltung gegenüber dem Astronomen immer deutlicher in seinen Briefen. Und in einem undatierten Brief aus dem Jahr 1915 (vermutlich vom 5. Februar) schreibt Einstein: «Gestern sprach Planck mit Struve über Sie. Struve gab an, dass er sich einem von Ihnen eingereichten Habilitationsgesuch nicht widersetzen würde. Sonst schimpfte er weidlich über Sie. Sie täten nicht, was er von Ihnen fordere, etc. Planck meint, der einzige Weg für Sie sei die Erstrebung einer Lehrstelle für theoretische Astronomie, und er glaubt, dass Sie in dieser Beziehung gute Chancen hätten. Er ist für möglichst sofortige Habilitation, mit einer Arbeit möglichst aus dem Gebiete der theoretischen Astronomie. Ich glaube, dass er insofern Recht hat, als wir nicht alles auf die eine Karte der Observatorstelle abstellen dürfen. Mit den besten Grüßen Ihr A. Einstein.»[16]

Einstein setzte die Korrespondenz mit Freundlich über viele Jahre fort. Offenbar hat ihn Freundlich oft um Hilfe gebeten, wenn es galt, eine Stellung zu finden oder einen Artikel zu veröffentlichen. Der Tonfall der Briefe zeigt deutlich, dass sich Einstein jetzt als bedeutendes Mitglied der akademischen Elite fühlt, was er dadurch unterstreicht, dass er häufig den Namen seines berühmten Freundes Planck fallen lässt. Freundlich scheint es in keiner Stellung lange ausgehalten zu haben, und in einem Brief vom 19. September 1915 (oder 1916?) schreibt Einstein: «Ein Lehrauftrag an der Universität wäre mir an sich recht sympathisch, dürfte aber auch nicht leicht durchzusetzen sein. Ich glaube aber, ich will's bei Planck versuchen, sobald er zurück ist. Lassen Sie sich jetzt keine grauen Haare wachsen, sondern genießen Sie den Rest Ihrer Ferien. Alles wird sich schon irgendwie einrenken. Sie haben es noch lange nicht weit genug mit der Wurstigkeit gebracht; Ihre Nerven liegen auch gar zu offen ohne schützende Speck-Schicht da! Seien Sie mit Ihrer Frau und mit unseren gemeinsamen Freunden gegrüßt von Ihrem A. Einstein.»[17] In einem anderen Brief meint Einstein, er werde empfehlen, dass die Akademie Freundlichs Arbeit annehme, *wenn* Freundlich ihm sechs technische Fragen beantworten könne. Am 1. März 1919 schrieb Einstein an Freundlich, er habe gerade einen klaren und unterhaltsamen Aufsatz über die Arbeit des englischen Astronomen Arthur Eddington gelesen. Eine bemerkenswerte Koinzidenz des Zufalls: Ohne dass Einstein davon wusste, war Eddington zu dieser Zeit auf dem Weg zu einer Insel vor der Küste von Äquatorialafrika, um eine Sonnenfinsternis zu beobachten und den Versuch zu unternehmen, die Lichtbeugung in der Nähe der Sonne zu entdecken und auf diese Weise Einsteins allgemeine Relativitätstheorie zu beweisen.

Kapitel 7
Riemann'sche Metrik

«Ein Geometer wie Riemann hätte wohl die wich-
tigeren Merkmale der tatsächlichen Welt vorher-
sehen können.»

Arthur S. Eddington

Georg Friedrich Bernhard Riemann (1826–1866) wurde als zweites von sechs Kindern eines protestantischen Predigers in der kleinen Ortschaft Breselenz bei Hannover geboren. Riemann wuchs
in bescheidenen Verhältnissen auf und litt von frühester Jugend
an unter einer schwachen Gesundheit. Wäre Riemann gesünder
gewesen und hätte er nur ein wenig länger gelebt, dann wäre die
Mathematik auf vielen Gebieten ein gutes Stück weiter vorange-
kommen.

Anzeichen einer mathematischen Hochbegabung ließ Riemann
schon mit sechs Jahren erkennen, als er nicht nur in der Lage war,
arithmetische Aufgaben zu lösen, die man ihm stellte, sondern seinen verblüfften Lehrern selbst welche vorlegte. Mit zehn Jahren
erhielt Riemann Privatunterricht von einem gelernten Mathematiker, der feststellte, dass die Lösungen des Kindes besser waren als
die eigenen. Mit vierzehn erfand Riemann einen ewigen Kalender,
den er seinen Eltern schenkte.

Bernhard Riemann war ein schüchterner Junge und versuchte,
diese Schüchternheit zu überwinden, indem er jeden öffentlichen
Auftritt immer und immer wieder übte. Als junger Mann war er
ein Perfektionist, der nichts aus den Händen gab, was er nicht
hundertmal überarbeitet hatte. Die Neigung, Überraschungen zu
vermeiden, sollte eine wichtige Rolle in seiner akademischen
Laufbahn spielen.

1846, als Neunzehnjähriger, schrieb sich Riemann an der angesehenen Universität Göttingen ein, um Theologie zu studieren. Das tat er vor allem seinem Vater zu Gefallen, der sich wünschte, dass sein Sohn in seine Fußstapfen trat und Geistlicher wurde. Doch schon bald trieb es den jungen Riemann in die mathematischen Vorlesungen der hervorragenden Mathematiker, die damals an der Universität lehrten, unter anderem der große Gauß. Mit der widerwilligen Zustimmung des Vaters wechselte Riemann das Fach und studierte fortan Mathematik. Nach einem Jahr an der Göttinger Universität ging er nach Berlin, wo er eine ausgezeichnete mathematische Ausbildung erhielt, was das Verdienst so namhafter Mathematiker wie Jacobi, Steiner, Dirichlet, Eisenstein und anderer war. Zwei Jahre verbrachte er in Berlin, dann wurde er in die politischen Unruhen von 1848 verwickelt. Riemann diente beim studentischen Corps und musste einmal sechzehn Stunden hintereinander den König in seinem Schloss vor aufgebrachten Demonstranten schützen.

1849 kehrte er nach Göttingen zurück, um dort zu promovieren. Sein Doktorvater war Carl Friedrich Gauß. Riemann leistete wichtige Arbeiten auf dem Gebiet der Geometrie und wandte sich dann der Zahlentheorie zu. Berühmt ist die *Zeta-Funktion*, die er entwickelte, um die Primzahlen mit Hilfe der komplexen Analysis zu untersuchen. Festzustellen, für welche Werte einer komplexen Variablen die Zeta-Funktion null ist, wurde zu einer der beliebtesten Aufgaben in der Mathematik. 1850, nachdem Riemann sich mit zahlreichen Problemen auf vielen Gebieten der Mathematik beschäftigt hatte, gelangte er zu der Überzeugung, man müsse eine vollständige mathematische Theorie entwickeln, in der die elementaren Gesetze für Punkte gelten, und sie dann auf das *Plenum* verallgemeinern (womit er den kontinuierlich gefüllten Raum meinte). Diesem Grundgedanken verdankte er später einen entscheidenden Durchbruch in der Mathematik – einen Durchbruch, der hundert Jahre später eine tief greifende Umwälzung in der Physik ermöglichte.

Anfang November 1851 legte Riemann seine Dissertation mit dem Titel *Grundlagen für eine allgemeine Theorie der Functionen einer veränderlichen Größe* vor. Sie stellte einen derart wesentlichen Beitrag zum mathematischen Wissen dar, dass Gauß zum ersten und einzigen Mal die Arbeit eines anderen Mathematikers in höchsten Tönen lobte. Und das war erst ein Vorgeschmack auf das, was kommen sollte, obwohl schon wenige Jahre später sowohl Gauß als auch Riemann tot waren.

1854 bekam Riemann seinen ersten Posten an der Universität Göttingen. Er wurde Privatdozent (in der Regel die erste Stellung, die ein junger Wissenschaftler antrat, wenn er sich für die akademische Laufbahn entschied). Nach Ablieferung seiner Habilitationsschrift musste er drei Themen für seine Probevorlesung vorschlagen. Alle Professoren und Dozenten, auch Gauß, der alte Löwe, würden ihm lauschen.

Unermüdlich und mit seinem gewohnten Perfektionismus bereitete sich Riemann auf diese Vorlesung vor. Wie üblich musste er dem Fachbereich, der ihn berufen wollte, drei Themen vorlegen – das Thema, das ihm am liebsten gewesen wäre, zuerst, und so fort. Eines davon wurde dann ausgewählt. Seine ersten beiden Vorschläge betrafen Gebiete, auf denen er sich gut auskannte, und Riemann hatte natürlich gehofft, man werde einen von ihnen wählen. Der dritte Vorschlag war ein Thema aus der Geometrie, auf das er nicht sehr gut vorbereitet war. In der Regel wählte der Fachbereich das erste Thema aus, seltener das zweite, das dritte so gut wie nie. Daher bereitete sich Riemann intensiv auf die ersten beiden Themen vor.

Doch Gauß sah die Sache anders. Wie erwähnt hatte er sich jahrzehntelang den Kopf zerbrochen über die Probleme des fünften Postulats von Euklid und die nichteuklidischen Geometrien, während Bolyai und Lobatschewski das Gebiet entwickelt hatten. In seinen Meditationen über geometrische Probleme hatte Gauß ein bestimmtes Konzept der Krümmung entwickelt. Er hatte die *Krümmung* des flachen euklidischen Raums als null definiert, die Krümmung einer Kugelfläche als positiv und die Krümmung des hyperbolischen «Gegensteils» einer Kugelfläche als negativ.

Gauß wusste um die geniale Begabung des jungen Riemann und hoffte, dass *er* vielleicht einen Durchbruch schaffen könnte. Darum sorgte er dafür, dass Riemann seine Probevorlesung über das dritte Thema halten musste.

Für diesen Vortrag entwickelte Riemann eine vollkommen neue Theorie. Den Keim dazu hatte er schon vorher gelegt. Als er über komplexe Zahlen und Zahlentheorie arbeitete, verbrachte er einen Teil seiner Freizeit mit der Philosophie des Raums und entwickelte – ganz unabhängig – das Gauß'sche Konzept der Krümmung sowie die Ideen von Bolyai und Lobatschewski. Er hatte eine vage Ahnung, dass eine umfangreiche, übergreifende Theorie hinter all diesen disparaten Konzepten von Raum und Geometrie stand. Ließ sich die Theorie zu einer leistungsfähigen neuen Disziplin entwickeln, die über die Einzelheiten hinausging und sie zusammenfasste? Diese Idealvorstellung hatte er immer im Hinterkopf, während er Problemen auf anderen Gebieten nachging. Fast bis zum Datum der Probevorlesung war er sich nicht darüber im Klaren, ob eine Verallgemeinerung möglich war. Der große Tag kam, und der junge Privatdozent musste seine Vorlesung vor dem Gremium der älteren Professoren halten. Er legte eine Theorie dar, die das Gesicht der Geometrie und der Physik auf immer verändern sollte. Worin bestand die grundlegende Idee von Riemann?

Riemann war einer der begabtesten reinen Mathematiker seines Jahrhunderts. Aber er war weit mehr als das. Tief in seiner Seele brannte das Verlangen, die Natur der physikalischen Welt rund um ihn herum zu verstehen. In einem Vorgriff auf die Relativitätstheorie und die moderne Kosmologie erkannte Riemann, dass man den Raum gründlich verstehen musste, um die Bedeutung der physikalischen Welt zu erfassen. Und Raum bedeutete für ihn *Geometrie*. Also wollte Riemann die physikalischen Gesetze finden, die für die Geometrie des Raums gelten, in dem wir leben. Er war immer ein Generalist, der die Abstraktion und Verallgemeinerung den Details und Kleinkrämerei vorzog. Es gab, wie Riemann wusste, drei Arten von Geometrie: die euklidische, die hyperbolische und die elliptische oder sphärische. Aber er wusste auch, dass die Geometrie innerhalb einer Fläche von Ort zu Ort variieren kann: Sie muss beispielsweise nicht nur sphärisch oder nur euklidisch sein. Eine Fläche kann auch eine Geometrie haben, die sich von Punkt zu Punkt verändert. Riemann suchte nach einem viel leistungsfähigeren Instrument, nach einer Methode, die Oberflächen unabhängig von ihrer wechselnden Geometrie beschreibt. An diesem Punkt hatte Riemann eine Erleuchtung, der Albert Einstein es letztlich verdankte, dass er seine allgemeine Relativitätstheorie vollenden konnte.

Riemann gelangte zu dem Ergebnis, dass die Eigenschaft einer Fläche, die er verstehen und erfassen musste, der Begriff des *Abstands* (oder der *Metrik*) war. Im flachen euklidischen Raum ist der kürzeste Abstand zwischen zwei Punkten die Hypotenuse *ac* des rechtwinkligen Dreiecks *abc*, wenn der Abstand in *x*-Richtung *bc* und der Abstand in *y*-Richtung *ab* ist, wie die Abbildung unten zeigt.

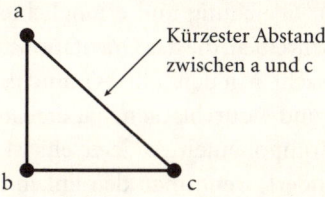

Kürzester Abstand zwischen a und c

Riemanns genialer Einfall bestand darin, diesen Abstand auf Fälle zu verallgemeinern, in denen der Raum nicht mehr flach ist. Wenn der Raum beispielsweise gekrümmt ist, sodass der rechte Winkel kein rechter mehr ist, sondern den Betrag Φ aufweist, dann lässt sich der Satz des Pythagoras $c^2 = a^2 + b^2$ zumindest für sehr, sehr kleine Dreiecke verallgemeinern zu: $c^2 = a^2 + b^2 - 2ab \cos \Phi$. Egal, wie die Krümmung des Raums aussieht, und gleichgültig, ob sie sich entlang der Fläche von Punkt zu Punkt verändert, Riemann hat eine Funktion definiert, die den *infinitesimalen* Abstand zwischen zwei eng benachbarten Punkten auf der Fläche misst. Das Quadrat der Abstandsfunktion ist:

$$ds^2 = g_{\mu\nu} \, dx^\mu \, dx^\nu$$

wobei μ und ν die Werte 1 und 2 durchlaufen, sodass diese Formel eine Kurzschreibweise für

$$ds^2 = g_{11}dx^1dx^1 + g_{12}dx^1dx^2 + g_{21}dx^2dx^1 + g_{22}dx^2dx^2$$

ist.

Sechzig Jahre später verwendete Albert Einstein diese Formel – wobei die Indizes bei ihm μ und ν die ganzzahligen Werte 1, 2, 3 und 4 durchliefen und die vier Dimensionen der Raumzeit (drei des Raumes und eine der Zeit) durchnummerierten –, um die Gleichungen der allgemeinen Relativitätstheorie abzuleiten. Der Term $g_{\mu\nu}$, der *metrische Tensor*, wurde das entscheidende Element in Einsteins Tensor-Gleichung und ermöglichte es Einstein, die Krümmung zu beschreiben, die das Gravitationsfeld im Raum des Universums verursacht. Mit den Indizes μ und ν, die die ganzzahligen Werte 1, 2, 3 und 4 durchlaufen, hat die Größe $g_{\mu\nu}$ zunächst einmal sechzehn Komponenten. Andererseits ist $g_{\mu\nu}$ symmetrisch – es bleibt unverändert, wenn man den linken mit dem rechten Index vertauscht, also gilt zum Beispiel $g_{12} = g_{21}$. Von den sechzehn Komponenten sind daher nur zehn Komponenten unabhängig voneinander wählbar – zehn Größen, die die Abstandsfunktion bestimmen.

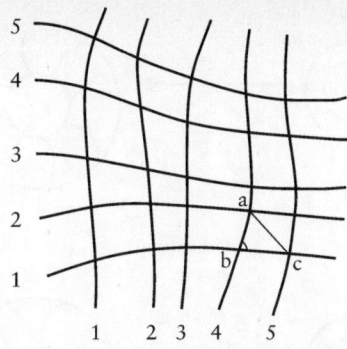

Die Idee, die Riemann in der berühmtesten Probevorlesung in der Geschichte der Mathematik darlegte, eröffnete ein neues Feld, die Differenzialgeometrie, ein Gebiet, das einer großen Zukunft im 20. Jahrhundert entgegenging. Der allgemeine Ansatz hatte Auswirkungen auf das Gebiet der Topologie. Riemann selbst untersuchte topologische Verfahren, als er sich mit Problemen in der Theorie der Funktionen einer komplexen Variablen auseinander setzte. Die Topologie ist die Lehre von Räumen und stetigen Abbildungen. Sie fragt beispielsweise, ob eine Fläche zusammenhängend ist oder aus mehreren nicht zusammenhängenden Teilen besteht, ob Folgen von Punkten in einem Punkt im Raum konvergieren oder außerhalb und ob es möglich ist, einen unendlichen Raum mit einer endlichen Menge von Teilräumen vollständig zu überdecken. Topologie ist auch das Gebiet, auf dem Äquivalenzen durch stetige Abbildungen (oder stetige Deformationen) hergestellt werden – in topologischem Sinn ist ein Donut zu einer Tasse mit einem Henkel äquivalent, eine Kugel zu jeder geschlossenen dreidimensionalen Fläche und ein Donut mit zwei Löchern zu einer Tasse mit zwei Henkeln. Diese Äquivalenzen sind auf Seite 112 abgebildet.

Die Topologie ermöglicht Aussagen über sehr allgemeine Eigenschaften von Flächen und von mathematischen Objekten, die so etwas wie die Verallgemeinerung des Flächenbegriffs auf be-

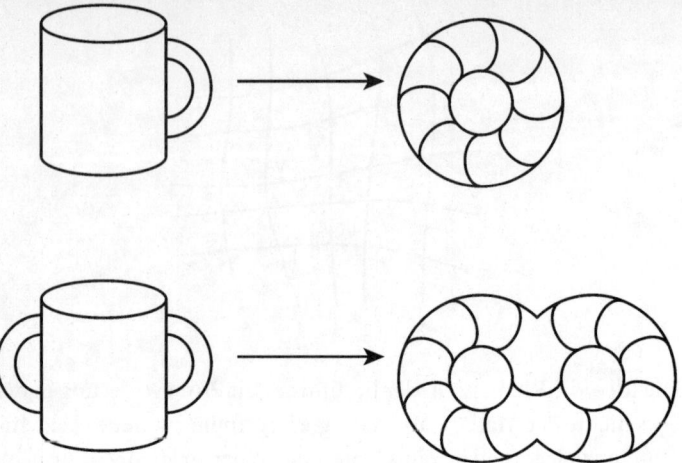

liebige Dimensionen darstellen – so genannten «Mannigfaltigkeiten». Und auf diesem Gebiet sind sehr weitreichende Aussagen möglich. Durch die Topologie können Mathematiker zu allgemeineren und abstrakteren Wahrheiten gelangen als durch die Geometrie. Zwei bekannte Beispiele sind das Möbius-Band – eine zweidimensionale Fläche, die über die dritte Dimension verdreht wird – und die Klein'sche Flasche – eine dreidimensionale Fläche, die über die vierte Dimension verdreht wird. Das Möbius-Band, nach A. F. Möbius (1790–1868) benannt, hat nur eine Seite. Diese Anordnung wird bei Treibriemen benutzt, um die Abnutzung zu vermindern (gewissermaßen werden ständig beide «Seiten» benutzt). Die Klein'sche Flasche ist eine Flasche ohne Innenseite. Sie verdankt ihren Namen Felix Klein (1849–1925). Klein war Student von Plucker, der von Riemanns Ideen beeinflusst war. Klein liebte die Geometrie und war bemüht, die geometrischen Konzepte auf die Topologie zu übertragen. Dabei verwendete er das leistungsfähige algebraische Konzept der Gruppe. Mit Hilfe der Gruppentheorie leistete Klein für die Topologie, was Riemann für die Geometrie getan hatte – die Vereinheitlichung und Abstraktion.

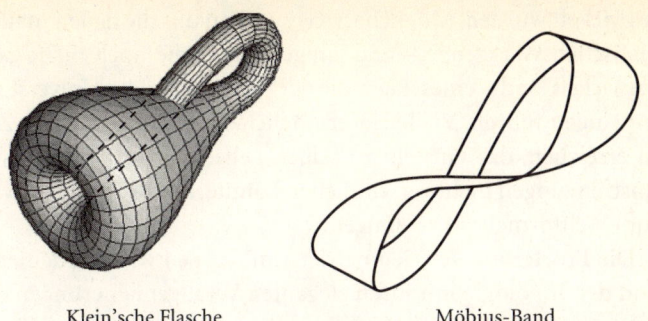

Klein'sche Flasche   Möbius-Band

Riemanns Arbeit trug direkt und indirekt entscheidend zum Verständnis der physikalischen Welt bei. Seine Probevorlesung, die von Gauß und seinen Kollegen als eine große Meisterleistung gepriesen wurde, stattete Einstein mit den Werkzeugen aus, die ihm erlaubten, die Feldgleichungen der allgemeinen Relativitätstheorie niederzuschreiben. Der Einfluss von Riemanns Arbeiten lässt sich bis in unsere Zeit verfolgen – bis hin zu moderneren Arbeiten wie denen des Mathematikers Sir Roger Penrose und des theoretischen Physikers Stephen Hawking, die höchst leistungsfähige und allgemeine geometrische Methoden auf die allgemeine Relativitätstheorie anwandten und so klären konnten, wie unser Universum wohl begonnen hat.

Riemanns geometrische Arbeiten, die das moderne Gebiet der Differenzialgeometrie ermöglichten, fanden ihren bisherigen Höhepunkt in den Ergebnissen, die der namhafteste lebende Geometer der Welt, S. S. Chern, 1979 bei dem Einstein Centennial Symposium an der Princeton University vortrug (veröffentlicht 1980). Unter dem Titel «Relativity and Post-Riemannian Differential Geometry» hieß es in dem Vortrag, die Zukunft der allgemeinen Relativitätstheorie liege in der Richtung von noch mehr mathematischer Allgemeingültigkeit. Chern zeigte, dass sich die Riemann'sche Metrik zu noch höheren und komplexeren Begriffen verallgemeinern ließ, die erst Ende des 20. Jahrhunderts entwickelt wurden. Möglicherweise werden uns die neuen mathematischen Werkzeuge – und einige andere, die noch nicht ganz entwickelt sind – eines Tages die wirkliche Natur des Universums vor Augen führen. Vielleicht ermöglichen sie uns sogar, das Ziel zu erreichen, das Einstein zu seinen Lebzeiten trotz intensivster Anstrengungen nicht verwirklichen konnte, alle Kräfte der Physik zur «Weltformel» zu vereinigen.

Die Erörterung der Geometrie – im Großen wie im Kleinen – und der Topologie mit ihren eleganten Verallgemeinerungen der Form und des Raums führt uns zu einer wichtigen Frage: Wie ist die Geometrie des Universums beschaffen, in dem wir leben? Befinden wir uns in einer riesigen vierdimensionalen Kugel, in einem Torus oder vielleicht in einer gigantischen Klein'schen Flasche? Das ist eine der wichtigsten philosophischen Fragen, die durch Einsteins Relativitätstheorie und die Arbeit der Kosmologen im 20. Jahrhundert aufgeworfen werden.

In gewisser Weise liefert die Riemann'sche Geometrie ein Modell für die nichteuklidische Geometrie, wie sie sich aus einer Annahme ableitet, die Saccheri über stumpfe Winkel aufgestellt hat. Ein Modell für diese nichteuklidische Geometrie ist die Geometrie der Oberfläche einer dreidimensionalen Kugel. Hier ist die Winkelsumme im Dreieck größer als 180 Grad. Die «Geraden» in dieser Geometrie – die Kurven des kürzesten Abstands zwischen Punkten auf der Oberfläche der Kugel – sind Großkreise. Ein Dreieck vom Nodpol zum Äquator, das aus zwei Längen und dem Äquator besteht, hat ganz offenkundig eine Winkelsumme, die größer als 180 Grad ist. Ein Kreis in dieser Geometrie besitzt einen Umfang, der kleiner als Pi mal dem Durchmesser ist. So liefert eine Kugel, wenn man sie als vierdimensionales Objekt betrachtet, ein Modell für ein nichteuklidisches Universum dieser besonderen Art. Der offene, vierdimensionale euklidische Raum ist ein anderes mögliches Modell für das Universum im Ganzen. Doch wie sehen wir einen vierdimensionalen Raum, der nichteuklidisch im Sinne der Geometrie von Bolyai und Lobatschewski ist? Hier ist, wie oben dargelegt, die Winkelsumme *kleiner* als 180 Grad, während der Umfang eines Kreises *größer* als Pi mal dem Durchmesser ist. Der flache euklidische Raum hat eine Krümmung von null, die Kugelfläche oder die elliptischen Flächen haben eine Krümmung, die eine positive Zahl ist, dagegen ist die Krümmung der Bolyai-Lobatschewski-Geometrie negativ. Wie haben wir uns einen solchen Raum vorzustellen?

1868 lieferte der italienische Mathematiker Eugenio Beltrami (1835–1900) das Modell für diese *hyperbolische* Geometrie. Beltrami wurde ebenfalls von Riemanns großartiger Arbeit beeinflusst und versuchte, sich den Raum vorzustellen, der die von Bolyai und Lobatschewski beschriebenen Eigenschaften besitzt. Beltrami fand eine Fläche, die überall eine konstante *negative* Krümmung aufweist, und nannte sie *Pseudokugel*. In gewissem Sinne ist das eine umgekehrte Kugel mit einer entgegengesetzten, negativen Krümmung. Die Pseudokugel erhält man (in drei Dimensionen) durch Rotation einer Traktrix. Dieser Vorgang ist unten wiedergegeben.

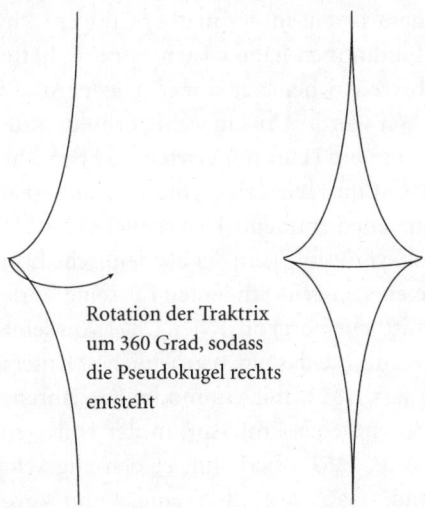

Rotation der Traktrix um 360 Grad, sodass die Pseudokugel rechts entsteht

Die Geometrie unseres Universums in vier Dimensionen ist eine Verallgemeinerung der drei oben abgebildeten Formen, aber welche?

* * *

Riemanns unglaubliche Begabung und seine Weitsicht forderten ihren Preis. Weil er so begabt war, setzte ihn der große Gauß ständig unter Druck, und für das, was er unter diesem Druck schuf, wird ihm die Welt der Mathematik – und der Physik – ewig dankbar sein. Aber der Druck, auf jemanden ausgeübt, der schon von Natur aus dazu neigte, immer bis an seine Grenzen zu gehen, und dazu mit einer schwachen Gesundheit ausgestattet war, führte zu einem körperlichen Zusammenbruch. Selbst die außerordentlich günstige Aufnahme seiner Probevorlesung «Über die Hypothesen, welche der Geometrie zu Grunde liegen» vermochte an seinem angegriffenen Gesundheitszustand nichts zu ändern. Riemann schrieb seinem Vater, die extrem schwierigen Untersuchungen, die er sowohl für seine Probevorlesung als auch seine fortdauernden Forschungsarbeiten in der mathematischen Physik und der Theorie der Funktionen habe leisten müssen, hätten ihn krank gemacht. Mehrere Wochen lang war er zu jeder Arbeit unfähig, bis das Wetter besser wurde. Um ein wenig Erholung zu finden, mietete sich Riemann ein Haus mit Garten und bemühte sich, regelmäßig einige Zeit im Freien zu verbringen, außerhalb der stickigen Räume, in denen er unentwegt arbeitete.

Mit der Probevorlesung kam der akademische Erfolg. Zunächst einmal meldeten sich acht Studenten für seine Vorlesungen statt der durchschnittlichen drei oder vier. Da er von seinen Studenten bezahlt wurde, machte das einen erheblichen Unterschied in seinen Bezügen aus. 1857, mit einunddreißig Jahren, wurde Riemann außerordentlicher Professor an der Universität, und nur zwei Jahre später, 1859, übernahm er den angesehenen Gauß'-schen Lehrstuhl. (Gauß war schon einige Jahre zuvor gestorben, in der Zwischenzeit hatte Dirichlet das Amt innegehabt.) Dass Riemann für die Nachfolge von Gauß bestimmt wurde, zeigt, wie sehr Riemann von seinen Kollegen, ja, von der gesamten mathematischen Welt, geschätzt wurde.

Doch sein Gesundheitszustand ließ keine Besserung erkennen. 1862 erkrankte Riemann wieder. Seine Lungen waren sehr angegriffen, und die deutsche Regierung finanzierte ihm einen Genesungsaufenthalt im milden Klima Italiens. Wärend der nächsten beiden Jahre reiste Riemann zwischen verschiedenen italienischen Städten und Göttingen hin und her. Sobald er nach Göttingen kam, wurde er wieder krank, während er sich in Italien stets erholte. Angesichts dieser Situation wurde ihm von der Universität Pisa eine Professur angeboten, doch Riemann lehnte ab und versuchte immer wieder, seine Lehrtätigkeit in Göttingen aufzunehmen. Dabei verschlechterte sich sein Gesundheitszustand zusehends. Im Juli 1866, im Alter von neununddreißig Jahren, starb Riemann in einer Villa am Lago Maggiore an der Schwindsucht.

Kapitel 8
Berlin – Die Feldgleichungen

> «In Berlin gab es zwei Arten von Physikern: Einstein und alle anderen Physiker.»
>
> *Rudolf Ladenburg, einer von den*
> *«anderen Physikern»*[1]

Am 3. Juli 1913 wählte die Preußische Akademie der Wissenschaften in Berlin Einstein mit einundzwanzig gegen eine Stimme zu ihrem Mitglied. Am 6. April 1914 zog Einstein mit der Familie nach Berlin.

Nach der Trennung von Mileva wohnte Einstein in einer Junggesellenwohnung in der Wittelsbacherstraße 13 in Berlin-Wilmersdorf, einem Kleinbürgerviertel im Südwesten der Stadt. Die Wohnung befand sich in einem schlichten, mehrstöckigen Haus, das in einer ruhigen, baumbestandenen Straße lag. Heute ist es ein multikulturelles Viertel, in dem Ausländer und Berliner nebeneinander leben. Auf den Balkons stehen Blumentöpfe mit Geranien, und die Autos, die unten geparkt sind, gehören eher zur angejahrten, billigen japanischen Sorte als zu den Mercedes und BMWs, die sonst das Straßenbild von Berlin bestimmen. Kein Hinweisschild informiert den Passanten, dass hier einmal ein Gebäude stand, in dem der größte Physiker des 20. Jahrhunderts gelebt und in der bescheidenen Wohnung in einem der oberen Stockwerke die allgemeine Relativitätstheorie entworfen hat, die eine physikalische Revolution auslöste.

Zehn Minuten zu Fuß in nördlicher Richtung liegt der elegante Kurfürstendamm, von den Berlinern liebevoll «Ku'damm» genannt. An diesem breiten, belebten Boulevard waren – und sind noch immer – Läden aller Art und Nobelkneipen. Weiter im

Osten, jenseits des Kurfürstendamms, erstreckt sich der Tiergarten, einer der größten Stadtparks Europas. Wenn Einstein Ruhe und Einsamkeit suchte, kam er hierher und ging unter den hohen Eichen spazieren oder setzte sich unter eine Weide am Ufer eines Teichs, auf dem Enten schwammen und wo Singvögel zu hören waren. Dort hing er seinen Gedanken nach. Stundenlang konnte er auf den breiten Wegen des Tierparks gehen und kaum einer Menschenseele begegnen. Einst waren es die königlichen Jagdgründe, in denen das Wild frei umherstreifte.

Wenn Einstein sich entschloss, den Park nach Osten zu durchqueren, befand er sich nach etwa einer Stunde in Berlin-Mitte, wo er in einem stattlichen grauen Gebäude arbeitete, in der Preußischen Akademie der Wissenschaften, Unter den Linden 8, einer der vornehmsten Adressen von Berlin. Das eindrucksvolle Gebäude hat einen Innenhof mit einem Brunnen in der Mitte und Bänken, die ihn umgeben. Auf der rechten Seite erinnert eine Gedenktafel in kurzen Worten an Einsteins siebzehnjährige Tätigkeit in diesem Gebäude. An den Wänden des quadratischen Innenhofs wächst Efeu. Heute ist in dem Gebäude die Nachfolgeorganisation der Preußischen Akademie untergebracht – die Berlin-Brandenburgische Akademie der Wissenschaften.

Das nächste Café befindet sich ein Stück westlich Unter den Linden, näher am imposanten Brandenburger Tor. Das Lokal heißt Café Einstein. Doch als ich den Kellner fragte, wie der Name zustande gekommen sei, versicherte er mir: «Er hat nichts mit dem Physiker zu tun.» Mit starkem deutschen Akzent sagte er, Einstein bedeute einfach *one stone* – ein Stein. «Wissen Sie», sagte er, «der Besitzer sagt, hier hat es nur einen einzigen Stein gegeben, da hat er sein Café gebaut.» Auf der anderen Seite der ehemaligen Akademie liegt ein Gebäude, das zur Humboldt-Universität gehört. Dort erinnert eine große, prächtige Tafel daran, dass in diesem Gebäude Max Planck das quantentheoretische Konzept entwickelt hat, das nach ihm benannt und mit dem Symbol h bezeichnet wird.

Mit dem Ruhm kam für Einstein auch wachsender Wohlstand, so bezog er mit Elsa eine neue Wohnung östlich von Wilmersdorf in einem zentral gelegenen, gutbürgerlichen Viertel. Heute steht anstelle des mehrgeschossigen Hauses Haberlandstraße 5, in dem sich die Wohnung befand, ein anderes, neueres Gebäude, vor dem ein Gedenkstein an den Wohnort des berühmten Physikers erinnert.

Langsam erholte sich Einstein von dem Schlag, dass seine Theorie durch Freundlichs unglückliche Krim-Expedition nicht verifiziert wurde. Nachdem er sich nun nicht mehr über fotografische Platten und astronomische Einzelheiten den Kopf zerbrechen musste, konnte er sich wieder dem Tätigkeitsfeld widmen, auf das er sich am besten verstand – der theoretischen Physik. Wie die Geschichte zeigt, war dies die richtige Entscheidung. 1914 war die allgemeine Relativitätstheorie noch längst nicht vollendet. Während der Erste Weltkrieg in Europa tobte, ging Einstein friedlich seiner Forschung nach. Politisch hätte er an keinem schlimmeren Ort sein können. Berlin war damals zerrissen von Hass, Kriegshysterie, wachsender Intoleranz und Antisemitismus. In späteren Jahren erinnerte sich Einstein, dass seine erste Begegnung mit dem Gespenst des Antisemitismus nicht an der katholischen Schule stattfand, wo er der einzige Jude war, nicht am Gymnasium, noch nicht einmal in Prag, sondern erst in Berlin. Doch damit fing, wie sich erweisen sollte, der lange Abstieg der deutschen Hauptstadt in das Herz der Finsternis erst an. Trotzdem führte Einstein hier mitten im Krieg ein überraschend friedliches und außerordentlich produktives Leben und konnte seine erstaunliche Theorie vollenden.

Trotz der politischen Verhältnisse und der Kriegszeit war das geistige Leben der Stadt außerordentlich anregend. Während seiner Berliner Jahre wirkten am Physik-Fachbereich der Universität einige der bedeutendsten Wissenschaftler der Welt – unter anderen Planck und Nernst, das titanische Zwillingsgespann der deutschen Naturwissenschaften; Max von Laue, der die Beugung der

Röntgenstrahlen entdeckt hatte; James Franck und Gustav Hertz, die entdeckten, dass der Aufprall von Hochgeschwindigkeitselektronen auf Atome die Aussendung von Licht genau deliniierter Wellenlänge hervorruft; Lise Meitner, eine Wiener Physikerin, die wichtige Beiträge zum Verständnis der Radioaktivität geleistet hatte; ihre Arbeit sei bedeutender als die der Madame Curie, behauptete Einstein. Später stieß zu dieser außergewöhnlichen Gruppe von Wissenschaftlern noch ein weiterer Österreicher, Erwin Schrödinger, der die Quantentheorie entscheidend vorangebracht hatte.

Trotz seiner Abneigung gegen alles Preußische, trotz Intoleranz und Antisemitismus und trotz der unerfreulichen Kriegsverhältnisse profitierte Einsteins berufliches Leben von dem Wechsel nach Berlin. Die Mitglieder des Physik-Fachbereichs trafen sich zu wöchentlichen Kolloquien, auf denen sie über interessante neue Forschungsgebiete sprachen. Bei den meisten dieser Treffen war Einstein anwesend. Häufig stellte er kluge Fragen und beteiligte sich aktiv an den Diskussionen – das alles, ohne sich in den Vordergrund zu drängen. Dies galt auch für seinen Aufenthalt in Berlin, selbst nachdem er es zu internationalem Ruhm gebracht hatte. Trotz seines umgänglichen, humorvollen und freundlichen Wesens und obwohl er gern an Festlichkeiten und Geselligkeiten teilnahm, galt er häufig als zurückgezogen. «Diese kühlen, blonden Menschen machen mich befangen; sie haben kein psychologisches Verständnis für andere», gestand er einem Freund.[2] Doch sein Verhalten ist leicht nachvollziehbar. Die Entwicklung der allgemeinen Relativitätstheorie war in ihre Endphase getreten. Dieser Aufgabe widmete er nun seine ganze Zeit, da mussten gesellschaftliche Verpflichtungen manchmal in den Hintergrund treten.

Der Abschluss der allgemeinen Relativitätstheorie ist eine Geschichte von Versuch und Irrtum. Dabei löste Einstein das große Rätsel von Materie und Gravitation mit unvorstellbarer Schnelligkeit im Lauf eines einzigen Monats: des Novembers 1915. Zunächst musste Einstein die Fehler berichtigen, die er und Grossmann bei ihrer Arbeit im Jahr 1913 gemacht hatten, und die Ideen verallgemeinern, die er zusammen mit A. Fokker, einem Doktoranden an der ETH, entwickelt hatte. Von Juli bis Oktober 1915 hatte Einstein alle Hände voll damit zu tun, die Unzulänglichkeiten zu beheben, die er nun in diesen gemeinsamen Arbeiten erkannte.

Die vorläufigen Gleichungen, die er abgeleitet hatte, um eine allgemeine Relativitätstheorie der Gravitation zu entwickeln, veränderten beim Übergang in ein gleichförmig rotierendes Bezugssystem ihre Form – wiesen also gerade nicht die vollständige Invarianz auf, die Einstein anstrebte. Ein zweites Problem bestand darin, dass die Gleichungen nicht ganz das richtige Ergebnis für die Periheldrehung des Planeten Merkur ergaben. (Periheldrehung heißt der Umstand, dass sich der sonnennächste Punkt der Umlaufbahn eines Himmelskörpers um die Sonne mit der Zeit verschiebt.) Ein drittes Problem war, dass Einsteins Beweis eines technischen Details der Theorie – der Eindeutigkeit der «Lagrange-Funktion» (des Gravitationsfelds eines Objekts, das die Eigenschaften des Feldes in kompakter Form zusammenfasst) – nicht stimmte. Es gab noch ein viertes Problem, von dem Einstein zu diesem Zeitpunkt nichts ahnte: Die vorhergesagte Lichtablenkung durch das Gravitationsfeld der Sonne wich von dem tatsächlichen Wert um einen Faktor von zwei ab. Im November wurden alle diese Probleme in einem beispiellosen mathematischen Sturmlauf mit Hilfe der Riemann'schen Geometrie gelöst.

Am 4. November hielt Einstein vor der Preußischen Akademie einen Vortrag über die allgemeine Relativitätstheorie. Das war eine neuere Version, in der die Gleichungen nun immerhin schon im Hinblick auf eine größere Klasse von Koordinatentransformationen (denjenigen, deren Determinante gleich eins ist) ihre Form beibehielten. Dieser technische Aspekt war allgemeiner als in den gemeinsamen Arbeiten früherer Jahre mit Grossmann und Fokker. Einstein gestand der Akademie, dass er alles Vertrauen in die früher entwickelten Gleichungen verloren habe. Jener frühere Beweis beruhe auf einem Missverständnis. Einstein wusste, dass er ein weit höheres Maß an Allgemeingültigkeit brauchte, um Gleichungen zu entwickeln, die die Gravitation wirklich beschrieben. Der Fortschritt, den er zwei Jahre zuvor zusammen mit Grossmann erzielt hatte, war minimal. Jetzt musste er sein Verständnis der Naturgesetze entscheidend erweitern – und entsprechende Fortschritte im Hinblick auf die mathematische Komplexität erzielen. Hier machte sich Einstein die Errungenschaften der Riemann'schen Geometrie und die Arbeiten der italienischen Mathematiker Ricci, Levi-Civita und Luigi Bianchi (1856–1928) zunutze. Letzterer hatte geometrische Identitäten entwickelt, die Einstein noch nicht kannte – so musste er sie in mühevoller, monatelanger Arbeit selbst entwickeln.

Einstein war bestürzt über die scheinbar unüberwindlichen technischen Schwierigkeiten. Nach fieberhafter Arbeit machte er am 11. November versehentlich einen Schritt zurück. Indem er seine Gleichungen einer unnötig strengen Einschränkung unterwarf, gelangte er zu ebenjenen Gleichungen, die er eine Woche zuvor als unzulänglich verworfen hatte. Er war wieder an seinem Ausgangspunkt angelangt.

Am 18. November führte Einstein eine Bedingung ein, die so genannte unimodulare Invarianz, und nahm einige Ableitungen vor, die in eine neue Richtung zu führen schienen. Zu seiner großen Überraschung und Begeisterung entdeckte er dann, dass die neue Theorie genau die Periheldrehung des Merkurs erklärte. Seine mit der neuen Theorie erzielten Ergebnisse entsprachen exakt den Unregelmäßigkeiten, die die Astronomen in der Bahn des Planeten beobachteten. Damit hatte Einstein eine physikalische Bestätigung zumindest eines Teils seiner Theorie. «Ich war einige Tage fassungslos vor Erregung», schrieb er an Ehrenfest.[3] In einer späteren Veröffentlichung, in der er erklärte, wie sich die Periheldrehung des Merkurs aus seiner Theorie ergab, zog er eine Liste astronomischer Daten heran, die Freundlich zusammengestellt hatte.

Zwar löste die allgemeine Relativitätstheorie – in der nahezu endgültigen Form, die sie jetzt gewonnen hatte – ein altes Rätsel der Astronomie, doch diese Entdeckung allein reichte noch nicht aus, um der Theorie Weltgeltung zu verschaffen. Das vermochte erst die Entdeckung jenes Phänomens, das Einstein seit langem am meisten interessierte: die Krümmung des Raums, die Lichtstrahlen veranlasst, seinen unsichtbaren Umrissen zu folgen. Etwa zur gleichen Zeit, da es Einstein gelang, das Perihelproblem zu erklären, gelang ihm auch in Bezug auf die Lichtablenkung ein großer theoretischer Durchbruch. Am 18. November widmete Einstein eine halbe Seite seines Aufsatzes der Bekanntgabe einer zweiten Entdeckung, die ihm durch verbesserte Gleichungen zur Beschreibung eines Gravitationsfelds gelungen war: Die Lichtablenkung, über die er bereits sieben Jahre zuvor spekuliert hatte, sollte in unmittelbarer Umgebung der Sonne 1,75 Bogensekunden betragen, doppelt so viel, wie er früher angenommen hatte. Das zeigte sich, wenn man alle Beiträge zur Raumzeitkrümmung, insbesondere auch die Krümmung des Raums, berücksichtigte, die Einstein bei früheren Rechnungen vernachlässigt hatte.

Besessen setzte Einstein seine Arbeit fort – er war jetzt den endgültigen Gleichungen, die beschreiben, wie ein Gravitationsfeld die Raumzeit krümmt, sehr, sehr nahe. Zugleich wusste er, dass sich viele Kollegen teils in Konkurrenz und teils in Opposition zu ihm befanden. Dazu gehörten Max Abraham (1875–1922), der aus philosophischen Gründen Einwände gegen die Relativitätstheorie hatte, Gustav Mie (1868–1957), der eine andere Theorie entwickelt hatte, die zu erklären versuchte, wie Massen und Gravitation mit elektromagnetischen Phänomenen wechselwirken, und sein hartnäckiger Widersacher Nordström, dessen Theorie einige Ähnlichkeit mit Einsteins Entwurf hatte, aber lange nicht so leistungsfähig war wie die Relativitätstheorie und sich auf lange Sicht nicht neben ihr halten konnte. Am 7. August 1914 schrieb Einstein an Freundlich einen Brief, in dem er sich bitterlich über einige seiner Widersacher und ihre Theorien beklagte: «Äußerlich betrachtet ist zwar Nordströms Skalartheorie der Gravitation mit der geradlinigen Ausbreitung der Lichtstrahlen viel naheliegender. Aber auch sie ist auf den apriorischen euklidischen vierdimensionalen Raum gebaut, an den zu glauben für mein Gefühl so etwas wie Aberglauben bedeutet. Ganz neuerdings hat Mie eine recht hitzige Polemik gegen meine Theorie verfasst, aus der mir die Unzulänglichkeiten des früheren Standpunktes erst recht deutlich herausleuchten. Ich freue mich darüber, dass die Fachgenossen sich überhaupt mit der Theorie beschäftigen, wenn auch vorläufig nur in der Absicht, dieselbe totzuschlagen.»[4]

Ein Jahr später zog sich Einstein nichts ahnend noch einen weiteren Konkurrenten heran – einen glänzenden Mathematiker, zu dem Einstein eigentlich ein hervorragendes Verhältnis hatte. Es handelte sich um den berühmten David Hilbert (1862–1943). Am 7. November schickte Einstein Hilbert Beweise aus dem Artikel, in dem er neue Gravitationsgleichungen abgeleitet hatte, nachdem er erkannt hatte, dass seine früheren Methoden falsch waren.[5] In der Folgezeit sandte er Hilbert fortlaufend die Ableitungen seiner Gleichungen, sobald er sie entwickelt hatte, und man weiß, dass Hilbert bei einem Vortrag anwesend war, den Einstein über den Stand seiner Arbeit an der allgemeinen Relativitätstheorie in Göttingen hielt, wo Hilbert als Mathematikprofessor wirkte. Später gratulierte Hilbert Einstein zu seiner bahnbrechenden Entdeckung über die Ursache der Periheldrehung. Nachdem ihm Einstein seine Arbeit erklärt hatte, veröffentlichte Hilbert einen eigenen Artikel mit Gleichungen, die große Ähnlichkeit mit Einsteins Endprodukt hatten. Achtzig Jahre später sprach ein wissenschaftliches Gremium beide Männer von jedem Verdacht frei, beim anderen abgeschrieben und das Ergebnis als eigene Arbeit ausgegeben zu haben. Hilberts Gleichungen wurden als interessante Fußnoten zu Einsteins Feldgleichungen der Gravitation eingestuft, da Einsteins Ableitungen konsistent, vollständig und vollkommen richtig waren. Hilbert hatte dagegen nur die Ausarbeitung eines Teils des Einstein'schen Gesamtentwurfs vorgelegt.

1917 schrieb Hilbert, bei seiner Arbeit in Göttingen habe ihm Emmy Noether (1882–1935) sehr geholfen, die auch nach Abschluss der Untersuchungen über die allgemeine Relativitätstheorie weiterhin mit ihm zusammenarbeite. Doch auch Einstein profitierte von Noethers Arbeiten, die er nach ihrem Tod im Jahr 1935 mit den Worten rühmte: «Folgt man dem Urteil der kompetentesten lebenden Mathematiker, so war Fräulein Noether das auffallendste kreative mathematische Genie, seit es eine höhere Bildung für Frauen gibt.»[6]

Einstein hatte allen Grund, Emmy Noether in den höchsten Tönen zu loben, ergeben sich doch aus dem nach ihr benannten Theorem zwei wichtige Konsequenzen für seine Feldgleichung der Gravitation. Die erste ist ein Erhaltungssatz für den Energie-Impuls-Tensor $T_{\mu\nu}$. Das ist eine wünschenswerte physikalische Eigenschaft der Feldgleichung (bei deren Beweis sich Einstein aber zunächst auf eine falsche Koordinatenbedingung stützte). Die zweite Konsequenz sind bestimmte Bianchi-Identitäten. Diese Identitäten sind wichtige technische Bedingungen, die von dem Krümmungstensor erfüllt werden müssen. Die Identitäten sorgen dafür, dass die Kovarianz erhalten bleibt: Die Krümmung ermöglicht dem physikalischen System, unverändert zu bleiben, selbst wenn sich unser Koordinatensystem bewegt. Zwar hat Einstein die Beziehung, die den Ricci-Tensor und den metrischen Tensor enthält, allein abgeleitet, doch wurde sie bereits 1880 von dem deutschen Mathematiker Aurel Voss (1845–1931) entwickelt, dessen Beweis allerdings damals keine Beachtung fand, sodass das Theorem von dem italienischen Mathematiker Luigi Bianchi (1856 bis 1928) wiederentdeckt werden musste. Beide Ergebnisse sind Folgesätze aus Noethers übergeordnetem Theorem. Also hat Emmy Noether beiden Konkurrenten im Wettrennen um die Gleichungen der allgemeinen Relativitätstheorie geholfen, Hilbert und Einstein – dem Ersten direkt und dem Zweiten indirekt.

1997 wurde der Prioritätsstreit um die Feldgleichungen ein für alle Mal von den Forschern L. Corry, J. Renn und J. Stachel geklärt, die ihre Ergebnisse unter dem Titel «Belated Decision in the Hilbert-Einstein Priority Dispute» in der Zeitschrift *Science* vom 14. November 1997, S. 1270–1273, vorlegten. Bei Quellenstudien entdeckten die Autoren bislang unbekannte Originalblätter mit den Beweisen, die Hilbert an die «Königliche Gesellschaft der Wissenschaften zu Göttingen» geschickt hatte und die dort am 16. Dezember 1915 eingegangen waren. Dieses Manuskript belegt eindeutig, dass Einstein Hilberts Arbeit nicht plagiiert haben kann, und beweist weiter, dass Einstein die Gleichungen korrekt abgeleitet hat, während Hilberts Ableitung keine richtige Gleichung erbrachte, bis Einsteins Arbeit veröffentlicht war. In den Beweisen stellt Hilbert fest, dass seine Gleichung nicht allgemein kovariant ist, wie es eine gültige Beschreibung des Gravitationsproblems im Kontext der Relativitätstheorie verlangt.

Einsteins Feldgleichung hatte zehn unabhängige Komponenten (sechs der $4 \times 4 = 16$ Komponenten der Tensorgleichung sind redundant). Hilbert dagegen leitete vierzehn Komponenten für seine Gravitationsgleichung ab, wobei die zusätzlichen vier nicht kovariant waren, wie er selbst anmerkte. Hilbert brauchte die vier zusätzlichen Komponenten, um die Eigenschaft der Kausalität in seiner Gleichung zu garantieren. Damit verlor er die wichtige Kovarianz – mit anderen Worten, seine Gleichung zeigte eine unerwünschte Abhängigkeit vom Koordinatensystem, und das darf bei einem guten physikalischen Gesetz nicht der Fall sein. Als Einsteins Artikel erschien, behauptete Hilbert, dass keine Berechnung erforderlich sei, um eine vollständig kovariante Gleichung mit zehn Komponenten zu erhalten. Später nahm er diese Behauptung zurück und gab zu, dass Einsteins Arbeit von entscheidender Bedeutung sei.

Es gab einen mathematischen Trick, den Einstein, der Physiker, beherrschte, während Hilbert – einer der größten Mathematiker aller Zeiten – ihn nicht kannte. Es war die Verjüngung eines wesentlichen Tensors, des Ricci-Tensors, und die Einfügung der resultierenden Spur in die Gleichung. Hilbert begriff das erst, *nach-*

dem er Einsteins Artikel gelesen hatte, den er sich vor der Veröffentlichung hatte schicken lassen. So erschien Hilberts eigener Artikel also vor dem Einsteins, doch Hilberts Artikel wies ursprünglich Mängel auf, die er erst beseitigen konnte, nachdem er Einsteins Artikel gelesen hatte. Verständlicherweise war Einstein wütend über das, was er für ein Plagiat seines Kollegen halten musste, eines Kollegen, dem er so viel Vertrauen geschenkt hatte. Doch dann legte sich sein Ärger wieder, und am 20. Dezember 1915 schrieb Einstein an Hilbert:

«Es ist zwischen uns eine gewisse Verstimmung gewesen, deren Ursache ich nicht weiter analysieren will. Gegen das damit verbundene Gefühl der Bitterkeit habe ich gekämpft, und zwar mit vollständigem Erfolge. Ich gedenke Ihrer wieder in ungetrübter Freundlichkeit und bitte Sie, dasselbe bei mir zu versuchen. Es ist objektiv schade, wenn sich zwei Kerle, die sich aus dieser schäbigen Welt etwas herausgearbeitet haben, nicht gegenseitig zur Freude gereichen.»[7] Mit dem Artikel von Corry, Renn und Stachel ist die Frage endgültig geklärt. Die Theorie der allgemeinen Relativitätstheorie ist Einsteins Werk, und zwar seines ganz allein.

* * *

Wissenschaftshistoriker sahen sich einer einschüchternden Aufgabe gegenüber, als sie versuchten, Einsteins Entdeckung der allgemeinen Relativitätstheorie zu rekonstruieren. Bei der Herausgabe der *Collected Papers of Albert Einstein*, jenes mehrbändigen, noch lange nicht abgeschlossenen editorischen Unternehmens, dem sich John Stachel und seine Mitarbeiter seit einigen Jahren widmen, stieß man auf ein Notizbuch, das handschriftliche Eintragungen Einsteins enthält. Sie stammen aus der Zeit zwischen Sommer 1912 und Frühjahr 1913, die er noch in Zürich verbrachte. 1984 veröffentlichte Stachels Kollege John Norton einen Artikel – gestützt auf eine Analyse des Züricher Notizbuchs –, der Einsteins verschlungenen Weg zur Relativitätstheorie in einem neuen

Licht zeigte. Doch einige Teile des Notizbuchs blieben zunächst unverständlich. 1997 unternahmen Jürgen Renn und Tilman Sauer eine systematische Analyse des Züricher Notizbuchs mit dem Ziel, es vollständig zu verstehen. Nach der Titelseite «Relativität» enthält das Notizbuch 84 Seiten kurzer Notizen, Gleichungen und Berechnungen mit wenig oder keinen Erklärungen. Die Analyse musste sich also auf ein gründliches Verständnis der den Gleichungen zugrunde liegenden Physik und Mathematik stützen. Die Forscher nahmen sich eine flüchtige Notiz nach der anderen vor und versuchten, Einsteins Überlegungen zu rekonstruieren. Die Analyse erbrachte ein unerwartetes Ergebnis: Bereits 1912 hatte Albert Einstein eine Näherung seiner endgültigen Feldgleichungen der Gravitation zu Papier gebracht, obwohl er sie formal erst drei Jahre später ableitete. Wie war das möglich?

Einsteins erste Schritte waren unsicher. Er begann, den metrischen Tensor von Riemann niederzuschreiben, war aber mit der Schreibweise nicht vertraut, denn er verwendete den großen Buchstaben «G» für den Tensor und veränderte ihn erst auf den folgenden Seiten des Notizbuchs in das übliche kleine «g». Dann probierte er verschiedene Gleichungen und mathematische Operationen aus, um den metrischen Tensor, Gravitationselemente und die vierdimensionale spezielle Relativitätstheorie miteinander zu verknüpfen. Doch offenbar zweifelte Einstein an der Richtigkeit der Gleichung – da gab es Terme, mit denen er nicht zufrieden war, weil sie nicht alle Bedingungen erfüllten. Er ließ die Idee fallen und verbrachte die folgenden Jahre mit Versuchen, die in eine Sackgasse nach der anderen führten. Wahrscheinlich war er sich nicht bewusst, dass er bereits drei Jahre zuvor auf die Gleichung gestoßen war, als er sie 1915 noch einmal ableitete – dieses Mal in ihrer vollständigen Form, die alle Bedingungen erfüllte.

Bei seinen Ableitungen verwendete Einstein Riemanns metrischen Tensor – das Maß für den Abstand von Punkten in einem gekrümmten Raum: $g_{\mu\nu}$. Außerdem enthielt seine Gleichung einen Energie-Impuls-Tensor $T_{\mu\nu}$, den Ricci-Tensor $R_{\mu\nu}$ und den Krümmungsskalar R, die die Krümmung der Raumzeit beschreiben, sowie Newtons Gravitationskonstante G und die Zahlen 8 und π. Während es sich eigentlich um eine ganze Anzahl von Gleichungen handelt, weil Tensoren jeweils mehrere Elemente enthalten, ermöglichen sie es, diese Gleichungen in kompakter und eleganter Form als eine *einzige* Tensorgleichung niederzuschreiben. Einstein hantierte mit diesen Tensoren und Skalaren (Zahlen wie 8 und π, keinen Tensoren) im Kopf und auf dem Papier, während er immer noch außer sich vor Freude war über seine Erklärung der Periheldrehung des Merkurs. Der endgültige Abschluss der Theorie kostete ihn noch eine Woche intensiver Arbeit. Am 25. November 1915 hatte er die endgültige Gleichung vor sich liegen, eine vollständige Beschreibung von Raum und Zeit und ihrer Krümmung infolge der Gravitation mit allen daraus sich ergebenden Weiterungen. Sie lautete:

$$R_{\mu\nu} - \tfrac{1}{2} g_{\mu\nu} R = -8 \, \pi \, G \, T_{\mu\nu}$$

Am 20. März 1916 reichte Einstein bei der Zeitschrift *Annalen der Physik* einen Artikel mit der systematischen Ableitung und Darstellung der allgemeinen Relativitätstheorie ein. 1916 erweiterte er diesen Artikel und veröffentlichte ihn als sein erstes Buch.

Eine Gleichung besteht aus einer Reihe von Symbolen und Zahlen, die zu beiden Seiten des Gleichheitszeichens (=) angeordnet sind. Die Gleichung beschreibt eine Beziehung, von der angenommen wird, dass sie für alle Größen gilt, die in der Gleichung angegeben werden. Doch eine Gleichung allein liefert noch keine Lösungen. Die Gleichung muss also *gelöst* werden. Sobald Einstein seine (Tensor-)Gleichung vorgelegt hatte, in der die verschiedenen Größen in ihrer besonderen Verknüpfung die Eigenschaften der Natur bestimmen sollten, galt es, die Gleichung zu lösen. Das war in gewissem Sinne die Herausforderung, die Einstein der Welt der Wissenschaft mit dieser Gleichung präsentierte – löst meine Gleichung und lernt etwas über die Naturgesetze. Einsteins Feldgleichung zu lösen, das bedeutet, eine Materieverteilung und eine Raumzeitmetrik zu finden, die gemeinsam den Einstein'schen Feldgleichungen genügen.

Aus der Metrik in Form des «Linienelements» *ds* lässt sich die Krümmung der Raumzeit beschreiben. Ebenso lässt sich bestimmen, wie die «Geraden» in diesem gekrümmten Raum aussehen, mit anderen Worten: was der kürzeste Abstand zwischen zwei Punkten ist. (Letzteres geschieht auf dieselbe Art und Weise, wie sich zum Beispiel für eine Kugeloberfläche bestimmen lässt, dass der kürzeste Weg zwischen zwei Punkten – jedem Seemann und Flieger wohl bekannt – ein Ausschnitt aus einem Großkreis ist.)

Der Prozess, den Einstein in Bewegung setzte, als er seine Gleichung der Öffentlichkeit vorlegte, hält bis in unsere Zeit an – und wird immer intensiver. Lösungen dieser Gleichung haben uns zu der Entdeckung von phantastischen Phänomenen geführt – Phänomenen, die die Gleichungen vorhersagen. Dazu gehören Gravitationswellen, die Wölbung des Raums, das Phänomen des «Frame-Draggings», wo die Raumzeit von der Rotation eines massereichen Körpers mitgerissen wird, nicht zu reden von dem Perihelproblem, der Gravitations-Rotverschiebung und der Lichtablenkung. Doch die erste Lösung für Einsteins Gleichung (ausgenommen seine eigenen Lösungen, die Rotverschiebung, Lichtablenkung und andere Effekte offenbarten) lieferte ein Soldat im Ersten Weltkrieg, noch bevor die Theorie ganz abgeschlossen war.

Am 16. Januar 1916 und am 24. Januar 1916 verlas Einstein vor der Preußischen Akademie zwei Arbeiten, die Karl Schwarzschild (1873–1916), der Direktor des Astrophysikalischen Observatoriums in Potsdam, verfasst hatte. Dieser brillante deutsche Astrophysiker hatte als Erster Einsteins Feldgleichung der Gravitation gelöst. Schwarzschilds Lösung hat später zum Verständnis der Schwarzen Löcher geführt und letztlich für die nachhaltigen Auswirkungen der Einstein'schen Feldgleichungen auf die Kosmologie gesorgt. Schwarzschild konnte den Akademiemitgliedern seine Aufsätze nicht selbst vorlesen, weil er zu dieser Zeit in den

Schützengräben der Ostfront lag. Auf dem Schlachtfeld, unweit der russischen Truppen, hatte Schwarzschild Einsteins Artikel mit den Gleichungen gelesen und sie gelöst. Per Post schickte er die Lösung an Einstein nach Berlin. Am 11. Mai 1916 starb Schwarzschild an einer Krankheit, die er sich an der Front zugezogen hatte. Am 29. Juni hielt Einstein vor der Preußischen Akademie einen Nachruf auf Schwarzschild.

Einstein wurde am 5. Mai 1916 zu Plancks Nachfolger als Präsident der Deutschen Physikalischen Gesellschaft gewählt. Bei seinen Kollegen in Berlin und in der ganzen Welt genoss er jetzt höchstes Ansehen. Seine Ableitung der allgemeinen Relativitätstheorie war ein theoretisches Meisterstück, und die Qualität seiner Arbeit blieb nicht unbemerkt. Dennoch hatte Einstein noch immer nicht das, was er sich am meisten wünschte: den Beobachtungsbeweis, dass das Licht in unmittelbarer Nähe der Sonne abgelenkt wird. Dieser letzte Schritt war erforderlich, um seine Arbeit aus einer eleganten Theorie in eine konkrete Beschreibung der Gesetze zu verwandeln, die das Universum bestimmen. Allerdings musste er darauf noch drei Jahre warten. In der Zwischenzeit entfaltete Einstein eine erstaunliche Produktivität. Unter anderem schrieb er einen Artikel, in dem er das Phänomen der Gravitationswelle schilderte. Einstein löste seine Gleichung und stellte fest, dass die Gravitation Wellen hervorrufen müsste, die man nicht sehen oder fühlen könnte, die sich aber vielleicht mit außerordentlich empfindlichen Instrumenten entdecken ließen. Viele Wissenschaftler haben eine Menge Zeit, Mühe und Forschungsmittel investiert, um Gravitationswellen zu entdecken. Je besser unsere Instrumente werden und je intensiver wir den Weltraum als unser Labor benutzen, desto wahrscheinlicher wird die Entdeckung der Gravitationswellen.

Im Juli 1916 wandte Einstein sich wieder der Quantenmechanik zu. In wenigen Monaten schrieb er drei Artikel über dieses Thema, wobei er in einem eine neue Ableitung des Planck'schen Gesetzes vorlegte. Bei dieser Beschäftigung mit der Quantenmechanik kamen ihm die Bedenken gegen die probabilistischen Aspekte der Theorie – Bedenken, die er sein Leben lang nicht überwinden konnte. Dieses Unbehagen veranlasste ihn zu der häufig zitierten Äußerung: «Ich kann nicht glauben, dass Gott mit der Welt Würfel spielt.» Im Dezember wurde Einstein durch Verfügung des Kaisers in das Kuratorium der Physikalisch-Technischen Reichsanstalt berufen. Diesen Posten behielt er, bis er Deutschland wegen des Aufstiegs des Nationalsozialismus verließ.

Kapitel 9
Príncipe, 1919

«Die meine Person und Lebensverhältnisse betreffenden Bemerkungen Ihrer Zeitung zeugen zum Teil von erfreulicher Phantasie des Verfassers. Noch eine Art Anwendung des Relativitätsprinzips zum Ergötzen des Lesers: Heute werde ich in Deutschland als ‹deutscher Gelehrter›, in England als ‹Schweizer Jude› bezeichnet. Sollte ich aber einst in die Lage kommen, als ‹bête noire› präsentiert zu werden, dann wäre ich umgekehrt für die Deutschen ein ‹Schweizer Jude› und für die Engländer ein ‹deutscher Gelehrter›.»[1]

Der Krieg erschwerte den Informationsaustausch zwischen Wissenschaftlern unterschiedlicher Nationalitäten. Bald nachdem Einstein die vollständige allgemeine Relativitätstheorie veröffentlicht hatte, erhielt der holländische Astrophysiker Willem de Sitter (1872–1934) eine Kopie des Artikels. Er wusste, dass es jenseits des Ärmelkanals einen anderen begabten Astrophysiker gab, der Einsteins phantastische Theorie mit großer Begeisterung lesen und die komplizierten Einzelheiten des Einstein'schen Meisterstücks besser als andere verstehen würde. Aber wie sollte Einsteins Artikel dorthin gelangen? Der Krieg wütete, und Einsteins Artikel nach England zu schmuggeln würde keine leichte Aufgabe sein. Doch de Sitter fand einen Weg und der Artikel seinen Adressaten – Arthur Eddington (1882–1944).

Arthur Stanley Eddington wurde am 20. Dezember 1882 im englischen Kendall geboren, wo sein Vater Schulleiter war. Als der Junge zwei Jahre alt war, starb der Vater, woraufhin die Mutter mit den zwei Kindern nach Westen zog. Als Eddington heranwuchs, zeigte er sich von großen Zahlen außerordentlich fasziniert.[2] Schon in sehr jungen Jahren lernte er das Einmaleins bis 24 mal 24 auswendig. Die Faszination durch große Zahlen gehörte zu den Gründen, die ihn bewogen, sich für die Astronomie zu entscheiden. Bei Vorlesungen schrieb er oft große Zahlen mit allen Ziffern an die Tafel (statt die in der Wissenschaft übliche Exponentenschreibweise zu verwenden). Sein Biograph Chandrasekhar berichtet, Eddington habe bei einer Vorlesung 1926 in Oxford die geschätzte Masse der Sonne in Tonnen folgendermaßen an die Tafel geschrieben: 2 000 000 000 000 000 000 000 000 000.

Eddington studierte am Owen's College in Manchester, machte dort 1903 seinen Magister und wechselte nach Cambridge, um zu promovieren. 1907 erhielt er den Smith-Preis und wurde Fellow des Trinity College. Im gleichen Jahr bekam er auf Vorschlag von Sir William Christie, dem Königlichen Hofastronomen, dem Direktor der Greenwich-Sternwarte, eine Stellung an dieser Sternwarte. 1912 erhielt er den Plumian-Lehrstuhl der Cambridge University. 1914 wurde Eddington außerdem Direktor der Cambridge-Sternwarte. Diese beiden angesehenen Stellungen bekleidete er dann dreißig Jahre lang. Als Eddington Einsteins Artikel las, war er völlig hingerissen. Er war in einer Sprache geschrieben, die er sofort verstand.

Einstein hatte versucht, über Kanäle in der neutralen Schweiz Exemplare seines Artikels nach England zu schicken, doch offenbar war das Exemplar, das de Sitter Eddington zugespielt hatte, das einzige, das England vor Kriegsende erreichte. Übrigens schickte de Sitter Eddington und der Königlichen Astronomischen Gesellschaft auch drei seiner eigenen Aufsätze über die allgemeine Relativitätstheorie. Einer davon – er behandelte die Kosmologie – sollte entscheidenden Einfluss auf Einsteins Arbeit über Kosmologie und auf den Verlauf der kosmologischen Forschung in den nächsten Jahrzehnten haben. Eddington bemühte sich nach Kräften, Einsteins faszinierende Theorie in Großbritannien und den Vereinigten Staaten bekannt zu machen.

Eddington schrieb einen Artikel mit dem Titel *Report on the Relativity Theory of Gravitation* («Bericht über die Relativitätstheorie der Gravitation»), den er 1918 in London veröffentlichte und der in westlichen wissenschaftlichen Kreisen viel gelesen wurde. Eddington war ein begeisterter Jünger der Relativitätstheorie. Als hervorragender Theoretiker erkannte er sofort die Eleganz und die logische Schlüssigkeit der Theorie. Eddington – der Astronom – sah keinen Grund, nach physikalischen Rechtfertigungen einer so schönen Gleichung zu suchen, die die Naturgesetze beschrieb. Für ihn war die Gleichung auch so vollkommen sinnvoll. Ironischerweise nahm dann ausgerechnet Arthur Eddington, der so überzeugt von der Wahrhaftigkeit der allgemeinen Relativitätstheorie war, die physikalischen Messungen vor, die den Beweis für die Richtigkeit der Theorie erbrachten. Doch die Idee zu diesem Projekt kam nicht von ihm selbst, sondern war einer Reihe von Zufällen zu verdanken, die durch die Kriegsumstände bedingt waren.

Eddington war Quäker und damit – wie Einstein – Pazifist. 1917 erhöhte England das Höchstalter für die Einberufung auf fünfunddreißig Jahre, weil an der Front Soldaten gebraucht wurden. Eddington, der damals vierunddreißig Jahre alt war, musste also damit rechnen, eingezogen zu werden. Es war klar, dass er der Aufforderung nicht nachkommen würde, weil er ein Kriegsdienstverweigerer aus Gewissensgründen war. Das stellte die Leitung des Trinity College vor ein schwieriges Problem. Wenn Eddington den Kriegsdienst verweigerte, würde er verhaftet und in ein Internierungslager in Nordengland geschafft, wo schon viele seiner Glaubensgenossen die Kriegsjahre mit Kartoffelschälen verbrachten. Das wäre äußerst peinlich für das College, die Sternwarte und die britische Wissenschaft gewesen. Irgendetwas musste also geschehen, und zwar schnell – bevor Eddington einberufen wurde.

Den englischen Astronomen und Physikern, die Einsteins Artikel durch Eddington kennen lernten, wurde rasch klar, dass man die Vorhersage der Theorie überprüfen konnte, indem man die Lichtablenkung während einer Sonnenfinsternis beobachtete – indem man also den Versuch unternahm, mit dem Freundlich bei Kriegsausbruch gescheitert war. Im März 1917 gab der damalige Königliche Hofastronom, Sir Frank Dyson, bekannt, dass am 29. Mai 1919 eine totale Sonnenfinsternis stattfinden würde. In Europa werde sie nicht zu beobachten sein, sondern nur in einem Streifen über dem Atlantischen Ozean, der eine bestimmte Region Brasiliens und die kleine Tropeninsel Príncipe vor der westafrikanischen Küste einschließe.

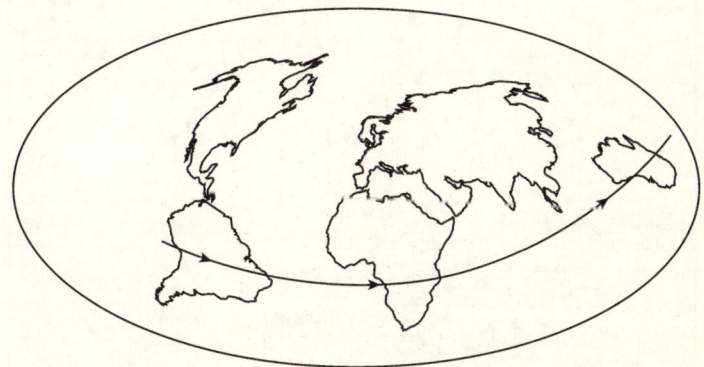

Dyson wies darauf hin, dass die Sonnenfinsternis aufgrund ihrer relativen Position vor dem Sternenhintergrund besonders günstig sein werde, um eine mögliche Lichtablenkung in Sonnennähe zu messen. Während der Verfinsterung würden sich Sonne und Mond im Zentrum des Sternbilds Stier befinden, mitten in dem Sternenhaufen der Hyaden. Eine solche Gelegenheit dürfe man seiner Meinung nach nicht ungenützt lassen.

Doch die Welt befand sich im Krieg, daher war die Entsendung einer britischen Expedition an die Küste von Äquatorialafrika oder nach Brasilien ein gefährliches Abenteuer. Selbst wenn der Krieg bis dahin beendet sein sollte, ließ sich eine solche Expedition nur unter großen Risiken durchführen. Andererseits hatte ein

137

solches Unternehmen natürlich den Reiz des Abenteuers – eine Expedition unter höchst ungewissen Zeitumständen in ferne und möglicherweise gefährliche Gegenden, und das nur um der Erkenntnis willen. Dyson war fasziniert. Außerdem war da noch das Problem mit Eddington und seinem Gewissen. Dyson entwarf einen wirklich raffinierten Plan – einen, der beide Probleme zugleich löste.

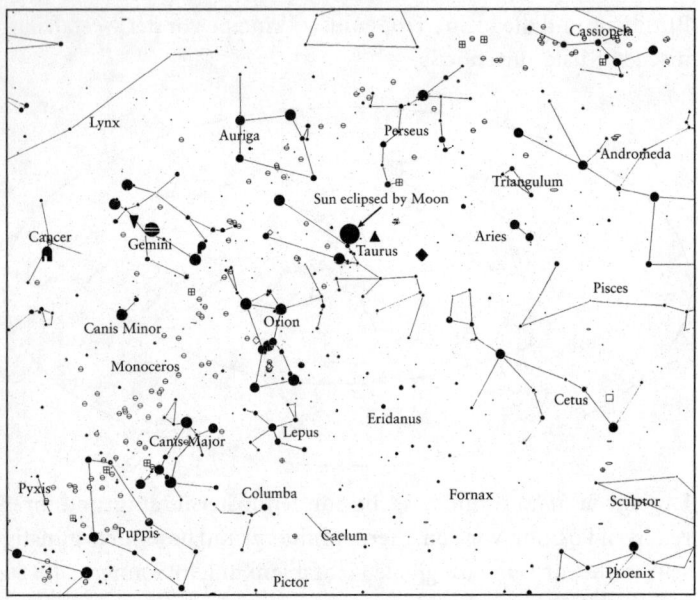

Als Königlicher Hofastronom hatte Dyson gute Verbindungen zur Admiralität, an die er sich nun mit einer ungewöhnlichen Bitte wandte. Zunächst legte er die große wissenschaftliche Bedeutung der allgemeinen Relativitätstheorie dar (von einem «Wissenschaftler des Feindes» entwickelt – Einstein hatte bei seinem Umzug nach Berlin wieder seine deutsche Staatsbürgerschaft annehmen müssen) und die außergewöhnliche Chance, die die Sonnenfinsternis für die Bestätigung der Theorie darstellte. Anschließend behauptete er, Arthur Eddington sei der einzige Wissenschaftler im Westen, der eine solche Verifizierung vornehmen könne. Wahrscheinlich brachte Dyson auch einige patriotische Argumente vor, etwa indem er auf die kryptische Frage verwies, die Sir Isaac Newton in seinem Buch *Optik* gestellt hatte: «Wirken Körper nicht aus einer Entfernung auf das Licht ein, und lenken sie durch ihre Wirkung die Strahlen nicht ab?» Offenbar habe sich der große englische Wissenschaftler doch schon vor Jahrhunderten für die Frage interessiert, ob Licht von Körpern abgelenkt werden könne. Auf jeden Fall gelang es Dyson, mit der Admiralität und den britischen Streitkräften eine Abmachung zu treffen: Eddington wurde nicht zum Kriegsdienst einberufen, musste dafür aber eine Expedition in die Tropen vorbereiten, um die allgemeine Relativitätstheorie während einer Sonnenfinsternis zu überprüfen. Sollte der Krieg vor dem Tag der Sonnenfinsternis enden, dem 29. Mai 1919, dann musste Eddington die Expedition trotzdem noch durchführen, gewissermaßen ein Dienst, den er Großbritannien anstelle des Kriegsdienstes zu leisten hatte. Die Abmachung wurde getroffen und Eddington nicht einberufen.

Am 11. November 1918 beendete der Waffenstillstand das Blutvergießen des Ersten Weltkriegs. Die Pariser Friedenskonferenz am Quay d'Orsay wurde am 18. Januar 1919 eröffnet, in der die Vertreter der Länder, die am Krieg beteiligt gewesen waren, die Verhandlungen über die Bestimmungen des Friedensvertrags aufnahmen. Der Krieg war zu Ende, und die Expedition, die die Lichtablenkung während der Mai-Finsternis messen sollte, konnte durchgeführt werden. Für die Vorbereitung dieses wissenschaftlichen Projekts hatte der Königliche Hofastronom Mittel von der britischen Regierung erhalten. Nun verbrachten Eddington und er viele Tage damit, alle Einzelheiten der geplanten Expedition durchzusprechen. Später bezeichnete Eddington die Vorbereitung der Reise als die aufregendste Zeit seines Lebens. In der Tat, welchem Astronomen oder Wissenschaftler war es schon vergönnt, in einer entbehrungsreichen Nachkriegszeit die Reise auf eine ferne und geheimnisvolle Tropeninsel vorzubereiten?

Dyson und Eddington brüteten über Karten, die den erwarteten Weg des Mondschattens zeigten – also die Orte, an denen die Sonnenfinsternis zu beobachten sein würde –, und entschieden, dass zwei Expeditionen entsandt werden sollten, und zwar an zwei verschiedene Orte, um die Erfolgsaussichten des Unternehmens zu erhöhen. So konnte man hoffen, dass wenigstens ein Team günstiges Wetter hatte (Sonnenfinsternisse können leicht von Wolken verdeckt werden, besonders in den Tropen) und brauchbare Fotos von einigen Sternen in der Nähe der Sonne aufnehmen konnte. Die Sonnenfinsternis vom 29. Mai 1919 würde diagonal von Südwest nach Nordwest über den Atlantischen Ozean wandern. Einer der beiden Orte lag also in Brasilien und der andere jenseits des Atlantiks vor der afrikanischen Küste. Die Standorte, die die beiden Astronomen für besonders vielversprechend hielten, waren Sobral, in einem verlassenen Teil des Bundesstaates Cereá im Amazonasgebiet im Norden Brasiliens, und jenseits des Ozeans die Insel Príncipe. Jedem Standort wurden die Mitarbeiter einer Sternwarte zugewiesen. Nach Brasilien reiste ein Team der Greenwich-Sternwarte unter Leitung von A. C. D. Crommeling, während Príncipe der Bestimmungsort einer Expedition der Cambridge-Sternwarte war. Ihr Leiter war Arthur Eddington.

Beide Expeditionen verließen den Hafen von Liverpool am 8. März 1919 an Bord der *Anselm* und nahmen Kurs auf Madeira im Nordatlantik. Dort trennten sich die Wege der beiden Teams. Die Brasilien-Expedition setzte ihre Reise an Bord der *Anselm* fort und gelangte am 23. März nach Para. Dort hatten die Forscher die Wahl: Sie konnten entweder gleich nach Sobral weiterreisen oder an Bord der *Anselm* bleiben und sich erst auf der Rückreise des Schiffs wieder absetzen lassen. Da ein wenig erschlossenes Gebiet des Amazonas-Regenwalds auf sie wartete, beschloss das Team, an Bord zu bleiben. Bei der Rückkehr des Schiffs nach Para lag ein Telegramm für sie vor. Darin gab ihnen ein gewisser Dr. Morize, der gute Kontakte zur brasilianischen Regierung hatte, Anweisungen zu ihrem weiteren Vorgehen. Das Telegramm und das Schreiben eines Regierungsmitglieds ermöglichten Crommelin und seinem Team, die Hilfe örtlicher Behördenvertreter in Anspruch zu nehmen – nicht unwichtig, da sich in ihrem Gepäck eine schwere Ausrüstung befand.

In Câmocim wurden die erschöpften Astronomen und Techniker von einem Beamten vor Ort empfangen, der dafür sorgte, dass ihre Ausrüstung auf einen Zug verladen wurde, der sie in den brasilianischen Dschungel nach Sobral brachte. Eingeborene umringten den Zug, als er in den Bahnhof fuhr. Neugierig betrachteten die Einheimischen die britischen Wissenschaftler, die europäische Tropenkleidung trugen und seltsame Apparate aus dem Zug beförderten. Die örtlichen staatlichen und religiösen Würdenträger machten den Fremden ihre Aufwartung. Bald stellte sich auch Colonel Vicente Soboya ein, der höchste Regierungsvertreter in Sobral. Er hieß die Besucher willkommen, brüllte die einheimischen Träger an, die sich um die Ausrüstung kümmerten, und führte die ganze Gruppe in sein Haus.

Schon bald machten sich einheimische Zimmerleute an die Arbeit, sie fällten Bäume, zersägten die Stämme und schnitten große v-förmige Stützen zurecht, die auf soliden Holzgerüsten befestigt wurden. Sie dienten dazu, die Röhre des Teleskops im richtigen Winkel zur Waagerechten zu halten, sodass zum festgesetzten Zeitpunkt zusammen mit der verdeckten Sonne sieben Sterne beobachtet werden konnten. Das Teleskop stand direkt vor dem Haus, das Colonel Soboya dem Team zugewiesen hatte. Man baute für die Astronomen Hütten und einen Holzsteg in den Schlamm. Dann verbrachten die Forscher viel Zeit damit, die Instrumente zu justieren und zu überprüfen. Um der Veränderung der Sonnendeklination während der Verfinsterung Rechnung zu tragen, wurden spezielle Kerben in das Gerüst geschnitten, in die man die hölzernen V-Stützen einrasten lassen und auf diese Weise die Veränderung des Azimuts berücksichtigen konnte. Das Team verwendete eine Röhre, die 5,70 Meter lang war, und eine Linse, die einen Durchmesser von 40 Zentimetern hatte. Die fotografischen Platten, die zur Aufzeichnung der Sonnenfinsternis dienten, hatten eine Größe von 25 mal 20 Zentimetern.

Zur Fokussierung des Teleskops verwendeten die Astronomen den hellrot leuchtenden Stern Arktur. Sie machten eine Reihe von Aufnahmen, wobei sie die Brennweite des Okulars aus Kobaltglas von Aufnahme zu Aufnahme ein wenig veränderten. Dann wurden die Fotos sorgfältig verglichen, um die günstigste Brennweite für die kostbaren Minuten während der Sonnenfinsternis zu finden. Sobald dies geschehen war, wurde die Stellung des Okulars fixiert.

Daraufhin machte sich das britische Team in Sobral ängstlich an die Beobachtung und Analyse des Wetters. Das war außerordentlich wichtig, weil das Gelingen des Unternehmens wesentlich vom Wetter abhing. Offenbar hatten die Forscher den Standort ihres Teleskops klug gewählt, obwohl es auf den ersten Blick töricht wirken mag, ein großes Teleskop vor einem Haus in einer entlegenen Dschungelsiedlung aufzustellen, während sich nur zehn Kilometer nordwestlich der mehr als 800 Meter hohe Berg Meruoca befand – ebenfalls noch in der Bahn der Sonnenfinsternis. Man sollte meinen, es sei logisch, ein Teleskop auf den Gipfel eines hohen Berges zu stellen. Doch die Wissenschaftler fanden rasch heraus, dass sich an dem Berg häufig Wolken sammelten und dass sein Gipfel dann im Nebel lag. In der Ortschaft Sobral dagegen herrschte meistens klares Wetter.

Die Temperatur war gleichmäßig und bewegte sich am Tag zwischen 24 Grad Celsius um fünf Uhr morgens und 35 Grad um fünfzehn Uhr. Außerdem war der Luftdruck ungewöhnlich konstant. Doch am 25. Mai – nur vier Tage vor der Sonnenfinsternis – setzten schwere Regenfälle ein. Ängstlich fragten sich die Wissenschaftler, ob es sich um einen dauerhaften Wetterumschwung oder nur um ein vorübergehendes Unwetter handelte. Andererseits begrüßten sie den Regen, weil er den Boden befeuchtete und den größten Teil des Staubs in der Luft entfernte. Während sie auf den großen Tag warteten, wurde ihr Lager täglich von den Eingeborenen umringt. Man hatte ihnen erzählt, die Fremden seien gekommen, um zuzusehen, wie die Sonne schwarz und der Tag zur Nacht würde. Würden diese schrecklichen Dinge tatsächlich geschehen? Voller Scheu beobachteten sie, wie sich die Wissenschaftler an der seltsamen Röhre zu schaffen machten, die so unheimlich in den Himmel zielte.

Arthur Eddington und sein Team, die nach Príncipe wollten, hatten sich auf Madeira von ihren Kollegen auf der *Anselm* getrennt und das Schiff verlassen. Sie blieben mehrere Wochen auf der portugiesischen Insel und warteten auf das Schiff, das sie an ihren Bestimmungsort bringen sollte. Während der Wartezeit hielten sich die Wissenschaftler in ihrem Hotel in Funchal auf oder besuchten die üppigen Ananasplantagen und die Fischerdörfer der grünen Gebirgsinsel. Kein sehr entbehrungsreicher Dienst, den das Vaterland Eddington dort als Ersatz für die Schützengräben des Ersten Weltkriegs abverlangte! Am 9. April legte der Frachter *Portugal* der Companhia Nacional de Navegação in dem Hafen an, nahm die britischen Expeditionsmitglieder an Bord und lief mit Kurs auf Príncipe aus, das einen Grad nördlich des Äquators vor der Küste von Äquatorialguinea in Westafrika liegt. Damals waren Príncipe und die Nachbarinsel São Tomé portugiesische Kolonien.[3]

In den frühen Morgenstunden des 23. April 1919 lief die *Portugal* in den kleinen Haften St. Antonio auf Príncipe ein. Als sich das Schiff der Küste näherte, erblickten die Passagiere eine Landschaft, die ihnen wie ein tropisches Paradies erschien. Fächerpalmen, die den Strand säumten, weißer Sand und glasklares Wasser, dessen Farbe zwischen Türkis- und Jadegrün wechselte. (Viele Jahrzehnte später wurde dieser Traumstrand der Schauplatz eines berühmten Bacardi-Werbespots.) Hinter dem Strand sahen die Reisenden Berghänge aufsteigen, die von dichtem Regenwald bedeckt waren und von zwei Vulkangipfeln überragt wurden. Die

Wolken, die sie umgaben, färbten sich in der untergehenden Sonne violett. Als das Schiff in den Hafen einlief, hörten sie aus dem dichten Regenwald, der fast bis ans Ufer reichte, den Gesang unzähliger Vögel – die Insel hat 26 einheimische und 126 eingeführte Vogelarten. Auf dem Wasser erblickten sie die Dongos – Kanus aus Oca-Holz –, die vom abendlichen Fischfang zurückkehrten, voll beladen mit Speerfischen, Segelfischen und Barrakudas. Die Fischgründe waren so reich, dass die Insulaner einfach Taue ins Wasser warfen, die sie an den Enden ein wenig ausgefranst hatten, sodass sich die Fische darin verfingen und ins Boot gezogen werden konnten. Es war ein Garten Eden.

Doch Príncipe hatte auch ein grausames Geheimnis. Erst vor kurzem war die jahrhundertealte Geschichte der Insel als Sklavenkolonie zu Ende gegangen. Die Sklaven waren unter unmenschlichen Bedingungen gehalten und zur Arbeit auf den Kokos- und Bananenplantagen im Inneren der Insel gezwungen worden, wo Tausende von ihnen den Strapazen, dem Hunger und den Krankheiten zum Opfer gefallen waren. Príncipe gehörte zu den letzten Gegenden der Erde, in denen der Sklavenhandel im 19. Jahrhundert abgeschafft wurde. Ein anderer Strand auf der Insel, den die Reisenden erst später kennen lernten, hieß Idiotenstrand – weil die Portugiesen glaubten, dass entlaufene Sklaven, die sich an diesen Strand flüchteten, niemals überleben konnten. Vieles auf der Insel erinnerte noch an ihre trübe Vergangenheit. Außerdem hatte sie Giftschlangen und Malaria zu bieten.

Als die Forscher das Schiff verließen und zusahen, wie einheimische Schauerleute ihre Ausrüstung an Land schafften, wurden Eddington und sein Team von einer Delegation der portugiesischen Verwaltung empfangen. Alle boten den Wissenschaftlern ihre Hilfe an. Vizeadmiral Campos Rodrigues von der Nationalen Sternwarte hatte das britische Team angekündigt, mit dem Erfolg, dass sich die portugiesischen Kolonialbeamten jetzt fast überschlugen, um den englischen Wissenschaftlern behilflich zu sein. Um ihren guten Willen unter Beweis zu stellen, ließ die portugiesische Verwaltung das umfangreiche Gepäck der Engländer ohne Zollkontrolle von Bord schaffen.

Mit einem der ersten Allradfahrzeuge fuhren die Astronomen auf der Suche nach einem geeigneten Standort für ihr Teleskop kreuz und quer über die sechzehn Kilometer lange und zehn Kilometer breite Insel. Sie besichtigten zahlreiche Kokosplantagen im Inneren, die portugiesischen Kolonialherren gehörten und von schwarzen Eingeborenen bestellt wurden – nicht wenige von ihnen freigelassene Sklaven oder Nachkommen von Sklaven. Nachdem die Engländer einige Tage lang durch den dichten Dschungel gefahren waren und viele infrage kommende Plätze in Augenschein genommen hatten, entschied sich Eddington für einen Standort: Roca Sundy im Nordwesten der Insel, ein Platz, von dem man aus 150 Metern Höhe aufs Meer hinausblickte.

Am 28. April wurde das schwere Gepäck des Teams von Santo Antonio nach Sundy geschafft. Den größten Teil des Weges transportierte man es mit Fahrzeugen, doch der letzte Kilometer war unpassierbar für die schweren Lastwagen, die die Ausrüstung beförderten. Mitten im Wald, in einem sumpfigen, moskitoverseuchten Gebiet, wurden die schweren Geräte auf die nackten Rücken der eingeborenen Träger umgeladen und von diesen zu Fuß an Ort und Stelle geschafft. Direkt vor dem Haus, in dem die Forscher wohnten, umzäunten sie ein kleines Stück Land und installierten dort ihr Teleskop. Das Gelände fiel in die Richtung, wo die Sonne während der Verfinsterung stehen würde, steil zum Meer ab. Dadurch wurde der Blick auf den Himmel durch nichts verstellt. Nach einer Woche, die die Wissenschaftler mit hektischen Vorbereitungen zubrachten – sie ließen von einheimischen Zimmerleuten v-förmige Stützen fertigen und justierten das Teleskop mit Gewichten, ganz ähnlich, wie es auf der anderen Seite des Ozeans in Sobral geschah –, kehrten die Expeditionsmitglieder nach Santo Antonio zurück. Dort verbrachten sie die Woche vom 6. bis zum 13. Mai mit untätigem Warten, weil Eddington entschieden hatte, es sei unklug, den Spiegel des Teleskops in dem feuchten Klima zu früh auszupacken. Als das Team am 16. Mai nach Sundy zurückkehrte, machte es die ersten Probeaufnahmen, um die Leistung des Teleskops und der fotografischen Ausrüstung zu testen. Eddington wollte so wenig wie möglich dem Zufall überlassen. Der 29. Mai, der Tag der Sonnenfinsternis, war ein entscheidender Tag in seinem Leben.

Zum hundertsten Mal ging Eddington die Ergebnisse des Experiments durch, die zu erwarten waren, wenn die Natur ihnen gestattete, ohne Wolken oder andere Sichtbeeinträchtigungen zu arbeiten. Es gab drei mögliche Ergebnisse: 1. Sie würden gar nichts finden – keine Veränderung in der scheinbaren Position der Sterne während der Verfinsterung. Das würde bedeuten, dass Licht nicht abgelenkt wird. 2. Es würde eine Positionsverschiebung der Sterne – eine Ablenkung des Lichts – stattfinden, aber in dem von der Newton'schen Theorie vorhergesagten Umfang, die vom Teilchencharakter des Lichts ausgeht. 3. Es würde eine Ablenkung des Lichts in dem von Einstein vorhergesagten Umfang stattfinden. Die erste Möglichkeit würde bedeuten, dass es keinen Effekt gäbe. Die zweite würde besagen, dass – unter der zusätzlichen Annahme, dass Licht als Teilchen betrachtet werden kann – Newton der Gewinner wäre, und mit ihm England. Die dritte Möglichkeit wäre, dass nicht Newton, sondern Einstein und seine neuen revolutionären Ideen über die Physik und die Natur den Sieg davontragen würden. Eddington wusste, dass seine Landsleute in England hofften, die zweite Möglichkeit würde eintreten. Doch sein Herz schlug für Einstein. Eddington war von der Relativitätstheorie begeistert. Er verstand sie und war – wie Einstein, der Tausende von Kilometern entfernt war und keine Ahnung hatte von den aufwendigen Vorbereitungen, die in Príncipe und Sobral getroffen wurden – davon überzeugt, dass Gott das Universum nach den Gesetzen der allgemeinen Relativitätstheorie regieren *musste*. So erwartete Eddington den schicksalhaften Tag. Er hoffte auf günstige Bedingungen und betete um gutes Wetter.

Die Tage, die der Sonnenfinsternis vorausgingen, waren bewölkt. Am Morgen des 29. Mai tobte von 10 bis 11.30 Uhr ein sehr heftiges Gewitter – was ungewöhnlich für die Jahreszeit war. Dann ein Hoffnungsschimmer – die Sonne zeigte sich ein paar Augenblicke lang. Doch schon bald zogen sich die Wolken wieder zusammen. Die vorausberechnete Zeit der Verfinsterung sollte von 14 Uhr 13 Minuten und 5 Sekunden bis 14 Uhr 18 Minuten und 7 Sekunden Greenwicher Zeit dauern (nach der Ortszeit eine Stunde später). Um 13.55 Uhr Greenwicher Zeit war die Sonnensichel zu sehen, wurde aber immer wieder von Wolken verdeckt. Zu diesem Zeitpunkt herrschten schon die typischen Lichtverhältnisse – und mit ihnen das unheimliche Empfinden, das jeden Beobachter einer Sonnenfinsternis befällt. Das Licht der jetzt weitgehend verdeckten Sonne schien sich eigenartig einzutrüben. Es war, als betrachte man die Landschaft durch einen Filter, der ständig undurchlässiger wurde. Aber noch immer trieben Wolken über den Himmel. Dann, kurz vor der Totalität, rissen die Wolken weit genug auf, um die Sonne ganz zu zeigen. Plötzlich raste ein riesiger Schatten vom Wasser heran und verschluckte die Beobachter. Die totale Verfinsterung hatte begonnen. Den Blick nach oben gerichtet, waren die Beobachter völlig gefangen genommen von der Macht des Naturschauspiels. Selbst altgediente Verfinsterungs-Beobachter sind jedes Mal aufs Neue tief beeindruckt. Zwischen den Wolken, die gerade weit genug aufrissen, um die Fotos zu ermöglichen, konnten die Astronomen und ihre Helfer die dunkle Scheibe der Sonne erkennen. Eingefasst war die Scheibe von dem strahlenden Halo der Sonnenkorona, die vor einem vollkommen dunklen Hintergrund brannte, als wäre es überall Nacht bis hin zu den dämmrig-roten Horizonten, die wie verlöschende Sonnenuntergänge aussahen.

Das Sternenfeld in der Umgebung der Sonne war deutlich zu erkennen, und die Fotos (aus Príncipe und Sobral) zeigten insgesamt dreizehn Sterne, die zum Sternenhaufen der Hyaden gehören: die relativ hellen Sterne (4. Größe) Kappa Tauri und Ypsilon Tauri und elf weitere, weniger helle Sterne.[4]

Die Fotos wurden genau nach Plan auf sechzehn Platten aufgenommen. Cottingham gab Eddington jede Platte und nahm alle mechanischen Einstellungen vor. Eddington wechselte die dunklen Platten aus.

Auf der anderen Seite des Atlantiks hatte das Team in Sobral ausgezeichnete Sichtverhältnisse und brauchte sich überhaupt keine Sorgen um das Wetter zu machen. Die Astronomen und die einheimischen Zuschauer beobachteten das eindrucksvolle Schauspiel, wobei viele Eingeborene einen heiligen Schrecken angesichts eines Ereignisses empfanden, das sie noch nie erlebt hatten. Auch hier fotografierten die Forscher dieselben Sterne wie ihre Kollegen auf Príncipe, entwickelten sie aber im Gegensatz zu jenen nicht gleich an Ort und Stelle. Diese Platten wurden nach England verschifft und trafen dort erst ein, als das Príncipe-Team die eigenen Aufnahmen schon längst entwickelt hatte. Die Arbeit der Sobral-Gruppe diente daher nur zur Bestätigung der Ergebnisse, die Arthur Eddington und sein Team erzielt hatten.

Als Eddington und seine Kollegen die Fotoaufnahmen auf Príncipe entwickelten, erwartete sie ein Riesenschreck – die ersten fotografischen Platten zeigten überhaupt keine Sterne. Unter dem Eindruck des grandiosen Naturschauspiels und im Bewusstsein seiner historischen Bedeutung für den Fall positiver Ergebnisse hatten die Wissenschaftler während der Dunkelheit der Totalität nicht bemerkt, dass während des größten Teils der Zeit Sonne und Mond von dünnen Wolken überdeckt waren. Von den verbleibenden sechs belichteten Platten zeigten zwei je fünf Sterne, was gerade ausreichte, um ein brauchbares Ergebnis zu erhalten. Einige Monate vor der Expedition waren zu Vergleichszwecken in Oxford Kontrollaufnahmen der Sterne und ihrer Positionen gemacht worden, die das gleiche Sternenfeld einschließlich der Hyaden und anderer Sterne im Sternbild Stier zeigten. Um systematische optische Fehler auszuschließen, hatten die Forscher, wie das Team in Sobral, Kontrollfotos eines anderen Himmelsabschnitts aufgenommen, der als Orientierungspunkt den hellen Stern Arktur enthielt.

In ihrem improvisierten Labor am Teleskop entwickelte der aufgeregte Eddington die Platten des Hyadenhaufens und verglich sie mit den Aufnahmen aus Oxford. Die Ergebnisse waren verblüffend: eine durchschnittliche Verlagerung um 1,6 Bogensekunden bei einer Standardabweichung von plus/minus 0,3 Bogensekunden. Innerhalb der statistischen Schwankungsbreite entsprachen die Ergebnisse in hervorragender Weise der Vorhersage der Einstein'schen allgemeinen Relativitätstheorie (eine Ablenkung von 1,75 Bogensekunden). Rasch sandte er ein begeistertes Telegramm nach England: «Durch Wolken, voller Hoffnung. Eddington.»

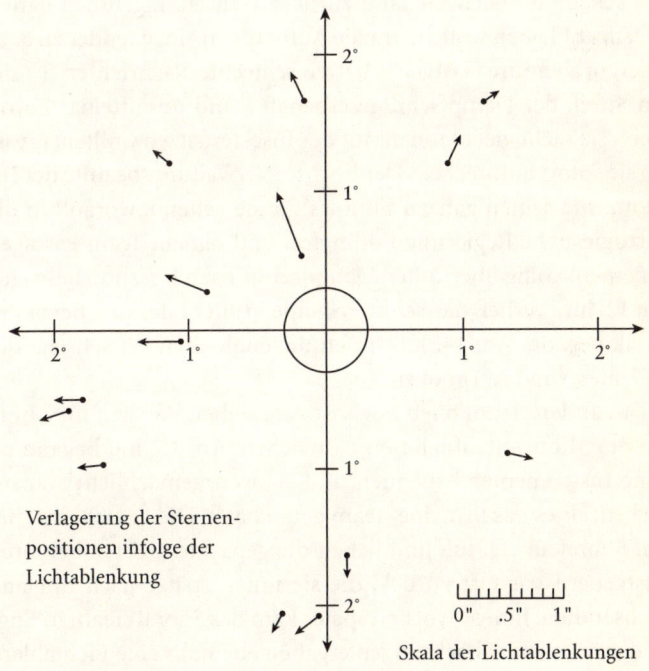

Verlagerung der Sternen-
positionen infolge der
Lichtablenkung

0"   .5"   1"

Skala der Lichtablenkungen

Wie erregt Eddington tatsächlich war, zeigt uns die Sprache, in der er das Ereignis in Prosa und Versen bei seiner Rückkehr nach England sechs Wochen später beschrieben hat (wovon auch später noch die Rede sein wird):[5]

«Unsere Schatten-Box nimmt all unsere Aufmerksamkeit gefangen. Dort oben findet ein herrliches Naturschauspiel statt. Wie die Fotos anschließend offenbarten, lodert von der Oberfläche der Sonne eine wunderbare Protuberanzflamme viele hunderttausend Kilometer in den Weltraum hinaus. Wir haben keine Zeit, sie mit einem einzigen Blick zu würdigen. Uns ist lediglich bewusst, in welch unheimliches Dämmerlicht die Landschaft getaucht ist und wie still die Natur ist, eine Stille, die nur unterbrochen wird von den Ausrufen der Beobachter und dem Schlag des Metronoms, das die 302 Sekunden der Totalität ausmisst.»

Eddington und sein Team beendeten das Projekt und begannen zu packen, um nach England zurückzukehren. Eigentlich hatten sie länger bleiben wollen, um die Aufnahmen eingehender zu analysieren, aber ihre Gastgeber hatten schlechte Nachrichten für sie: Ein Streik der Dampfschiffgesellschaft stand unmittelbar bevor. Wenn sie nicht viele Monate auf der Insel festsitzen wollten, mussten sie sofort aufbrechen. Der höchste Verwaltungsbeamte der Insel machte seinen ganzen Einfluss für sie geltend, woraufhin die portugiesische Regierung Eddington und seinem Team Passagen auf einem völlig überfüllten Dampfschiff nach Lissabon besorgte. Am 12. Juni verließ das Schiff Príncipe in aller Eile, kurz bevor der Streik begann. Am 14. Juli trafen die englischen Wissenschaftler im Hafen von Liverpool ein.

Das andere Team blieb noch weitere sieben Wochen in Sobral, um gute Kontrollaufnahmen zu machen. Am 18. Juli begann es, seine Instrumente abzubauen und sie weit gemächlicher einzupacken, als es das Príncipe-Team getan hatte. Die Forscher verließen Sobral am 22. Juli und ließen die gepackten Kisten bei ihren Gastgebern vor Ort zurück, die sie ihnen später nach England nachsandten. Einige Wochen später kam das Sobral-Team in England an. Seine Beobachtungen ergaben ebenfalls eine Lichtablenkung, allerdings von durchschnittlich 1,98 Bogensekunden. Doch auch das bedeutete innerhalb der statistischen Schwankungsbreite eine Bestätigung von Einsteins Vorhersage.

Bevor das Team nach Principe aufgebrochen war, hatte der Königliche Hofastronom Eddingtons Assistenten Cottingham, der im Gegensatz zu Eddington kein Fachmann auf dem Gebiet der Relativitätstheorie war, die Grundzüge des Experiments und seine Bedeutung erklärt. Cottingham hatte in diesem Gespräch den Eindruck gewonnen, dass das Ergebnis umso gewichtiger sein würde, je größer es ausfiele – ein Gedanke, den er verabsolutierte und gewissermaßen von allen Fesseln der Theorie befreite. «Was wäre», fragte er, «wenn die Ablenkung noch einmal *doppelt* so groß wäre?» – «In diesem Fall», antwortete Dyson, der Königliche Hofastronom, «wird Eddington verrückt, und Sie müssen alleine nach Hause fahren.»

Doch alles verlief besser, als selbst der Optimist Eddington erwartet hatte. Einsteins Vorhersage wurde innerhalb der experimentellen Fehlertoleranz bestätigt, und alle kehrten wohlbehalten heim. Doch was war mit Einstein selbst? Schließlich war es *seine* Theorie. Wann würde ihn die Nachricht von dem Triumph seiner Theorie erreichen?

Kapitel 10
Das *Joint Meeting*

> «Dein ausgezeichneter Artikel in der Frankfurter
> Zeitung hat mich sehr gefreut. Nun aber wirst Du
> gerade wie ich, wenn auch in schwächerem Maß-
> stab, von Presse und sonstigem Gelichter verfolgt.
> Bei mir ist es so arg, daß ich kaum mehr schnau-
> fen, geschweige zu vernünftiger Arbeit kommen
> kann.»
>
> *Albert Einstein an den Physiker Max Born,*
> *9. Dezember 1919*[1]

Im Juni 1919 kehrte Einstein von einem Aufenthalt in Zürich nach
Berlin zurück. Er hatte nur gerüchteweise vernommen, dass es im
Mai englische Versuche gegeben hatte, die Vorhersagen seiner allgemeinen Relativitätstheorie während der Sonnenfinsternis zu verifizieren. Doch man hatte ihm nicht mitgeteilt, dass die Expeditionen wie geplant stattgefunden hatten, dass Ergebnisse erzielt
worden waren und dass diese Ergebnisse seine Theorie bestätigten. Der Mann, der so viel Zeit und Mühe aufgewandt hatte, um
seine Theorie zu beweisen – der sich mit der praktischen Astronomie und der Meteorologie beschäftigt hatte, der sich viele andere Kenntnisse angeeignet hatte, die für die Sternenbeobachtung
erforderlich sind, der Freundlich und andere Astronomen um-
worben hatte –, dieser Mann wurde jetzt einfach übergangen.
Während Einstein versucht hatte, seine Arbeit den Wissenschaftlern in Großbritannien, einem Feindesland, zugänglich zu machen, informierten ihn dieselben britischen Wissenschaftler nicht
darüber, dass *seine* Theorie experimentell bestätigt worden war –
und das in Friedenszeiten, wo wieder ein freier Informationsfluss
grenzüberschreitend möglich war. Tatsächlich haben die Englän-

Physikrat, Solvay/Hotel Metropole

der dem Vater der Relativitätstheorie die Neuigkeit *nie* mitgeteilt. Erst im *September* 1919, als Einstein voller Verzweiflung bei seinem Freund Lorentz in Holland anfragte, erhielt er aus zweiter Hand die Mitteilung, dass Eddington und seine Mitarbeiter Beweise für die Richtigkeit seiner Theorie gefunden hätten.

Einstein hatte drei gute Freunde in Holland: Lorentz, de Sitter und Ehrenfest, der viel jünger als die beiden anderen war, etwa in Einsteins Alter. Bereits 1911 auf dem Solvay-Kongress in Belgien, wo Einsteins Relativitätstheorie von vielen namhaften Wissenschaftlern diskutiert worden war, hatte Lorentz versucht, Einstein zu einem Posten an der Universität Leiden in Holland zu überreden. Das hätte ihn in täglichen Kontakt zu den drei Freunden und Anhängern seiner Theorie gebracht. Einstein lehnte Lorentz' Angebot ab und entschloss sich stattdessen, nach Berlin zu gehen, wo Physiker waren, die er für bedeutender hielt, Planck zum Beispiel.

Zweifellos hat Einstein später bedauert, das Angebot seines

Freundes abgelehnt zu haben, der in den folgenden Jahren weiterhin über Einsteins Relativitätstheorien arbeitete, ebenso wie de Sitter und Ehrenfest. Während der folgenden zehn Jahre setzten Lorentz, Ehrenfest und de Sitter ihre Forschungsarbeiten fort und versuchten, mit jeder Wendung Einsteins Schritt zu halten, während er seine Gleichungen fortlaufend veränderte und verbesserte. Einstein selbst beschrieb diese Irrungen und Wirrungen einmal wie folgt: «… meine Denkfehler, die mich zwei Jahre harter Arbeit kosteten, bevor ich sie 1915 schließlich als solche erkannte und reumütig zu der Riemann'schen Krümmung zurückkehrte und dank ihrer in die Lage versetzt wurde, die Beziehung zu den empirischen Fakten der Astronomie zu entdecken.»[2]

Zwischen Ehrenfest, Lorentz und de Sitter wurde ein lebhafter Briefwechsel über jeden Aspekt der im Werden begriffenen Einstein'schen Theorie geführt. Man fragt sich unwillkürlich, ob Einstein wohl mehr – und früher – Erfolg gehabt hätte, wenn er sich dazu entschlossen hätte, nach Leiden statt nach Berlin zu gehen. Zumindest im Hinblick auf die Astronomie hätte Einstein weit besser daran getan, wenn er sich an de Sitter gehalten hätte statt an Planck im überheblichen Berlin. Jedenfalls war es 1919 der sechsundsechzigjährige Lorentz, der ihm als Erster von Eddingtons Erfolg berichtete. Einstein war außer sich vor Freude. Am 27. September schrieb Einstein, nachdem er die Neuigkeit gerade erfahren hatte, an seine Mutter: «Liebe Mutter! Heute eine freudige Nachricht. H. A. Lorentz hat mir telegraphiert, dass die englischen Expeditionen die Lichtablenkung an der Sonne wirklich bewiesen haben.»

Wieder in England, nahmen sich die britischen Wissenschaftler die Fragen der allgemeinen Relativitätstheorie vor, ohne einen einzigen Gedanken an Einstein zu verschwenden. Das war nun ganz und gar ihre Angelegenheit: Ihre Forscher, ihre Expeditionen hatten die allgemeine Relativitätstheorie zur Realität werden lassen. Jetzt war es an der Zeit, die Entdeckungen der Öffentlichkeit bekannt zu geben und über die Ergebnisse zu diskutieren, als wären sie eine politische Frage, die parlamentarisch abzuhandeln sei. Im November 1919 fand in London eine historisch gewordene gemeinsame Tagung der Königlichen Astronomischen Gesellschaft und der Königlichen Gesellschaft statt. Hier wurden das Pro und Kontra der allgemeinen Relativitätstheorie erörtert und die Ergebnisse der beiden Mai-Expeditionen interpretiert, seziert und geschönt. Doch Einstein war nicht zugegen und wurde, soweit bekannt, auch nicht eingeladen. Ironischerweise war es diese Tagung in London, die Einsteins Ruf als größten Wissenschaftler des Jahrhunderts begründete. Mit diesen Ereignissen begann Einsteins Metamorphose vom Physiker zur Persönlichkeit von Weltruhm, die nicht nur in der Physik wirkte, sondern auch auf dem Gebiet der Politik und Kultur tätig war und verehrt wurde.

Am 6. November 1919 eröffnete Sir Joseph Thomson, der Präsident der Königlichen Gesellschaft, die Sitzung und bat den Königlichen Hofastronomen, der Versammlung «Bericht über den Zweck und die Ergebnisse der Verfinsterungs-Expedition vom letzten Mai zu erstatten». Sir Frank Dyson ging ans Rednerpult und erläuterte in einer langen Rede, wie die Idee entstand, wie die Expeditionen durchgeführt wurden und welche Ergebnisse sie erbrachten. Er sagte: «Die vorhergesagte Gravitationsablenkung des Lichts hat zur Folge, dass der Stern von der Sonne abgerückt wird. Wenn wir die Positionen der Sterne auf einem Foto zur Überprüfung dieser Verschiebung messen, ergeben sich sogleich Schwierigkeiten aus der Skala der Aufnahme. Die Bestimmung der Skala hängt weitgehend von den äußeren Sternen auf der Platte ab, weil der Einstein-Effekt die größte Diskrepanz bei den inneren Sternen in der Nähe der Sonne hervorruft, sodass es durchaus möglich ist, zwischen den beiden Ursachen zu unterscheiden, die sich auf die Position des Sterns auswirken.»[3]

Nach der langen Rede des Königlichen Hofastronomen, der in allen Einzelheiten über die in Sobral und Príncipe beobachteten Positionsverschiebungen der Sterne berichtete, war es an Crommelin, dem Leiter des Sobral-Teams, eine Erklärung abzugeben.

Er begann mit der Feststellung, dass er dem, was der Königliche Hofastronom gesagt habe, nicht viel hinzuzufügen habe, außer dass er sich bei den brasilianischen Behörden für ihre liebenswürdige Hilfe bedanken wolle, was er tat, indem er den Namen jedes brasilianischen Beamten nannte, der ihnen in irgendeiner Weise geholfen hatte. Dann bedankte er sich bei dem Schiffspersonal, den Dolmetschern, den Meteorologen, den Arbeitern und Polizisten. Schließlich trat Eddington ans Rednerpult. Und plötzlich war Schluss mit langweiligen Einzelheiten und Höflichkeitsfloskeln. Eddington, möglicherweise der Einzige unter den Anwesenden, der die allgemeine Relativitätstheorie wirklich verstand, hielt einen brillanten Vortrag.

Nach einer kurzen Schilderung der Expeditionsumstände erörterte Eddington die Raumkrümmung, die durch die Expeditionsergebnisse soeben bewiesen worden war. Er sagte, die Daten sprächen eindeutig für die größere der beiden möglichen Lichtablenkungen – diejenige, die Einstein vorhergesagt habe, nicht die, die sich aus Newtons Gesetzen vorhersagen lasse. «Am einfachsten können wir die Ablenkung des Lichtstrahls erklären, indem wir sie als einen Effekt des Lichtgewichtes betrachten. Wir wissen, dass ein Impuls auf dem Weg eines Lichtstrahls mitgeführt wird. Die Gravitation bewirkt einen Impuls in eine andere Richtung als die der bisherigen Bahn, und so kommt es zur Ablenkung.» Diesen Unterschied zwischen der Lichtablenkung, wie sie von Newtons Gesetzen zu erwarten wäre, und der tatsächlich beobachteten, doppelt so großen Ablenkung, die von Einsteins Theorie vorhergesagt wird, erklärte Eddington dann genauer, indem er zwei geometrische *Metriken* des Raums entwickelte. Dabei ließ er die Zeitdimensionen fort und konzentrierte sich nur auf den Raum. Die Abstandselemente in jeder der beiden Theorien ergeben sich aus der Metrik wie folgt:

Newtons Gesetz: $ds^2 = dr^2 - r^2 d\Theta^2$

Einsteins Gesetz: $ds^2 = -(1 - 2\,m/r)\,dr^2 - r^2 d\Theta^2$

Der zusätzliche Term $(1 - 2\,m/r)$, in dem m die Masse eines Teilchens und r und Θ Polarkoordinaten des Raumes sind, ist der einzige Unterschied zwischen den beiden Abstandsmaßen. Dabei misst der Einstein'sche Abstand die Krümmung des Raums – seine nichteuklidische Beschaffenheit – in der Umgebung des massereichen Objekts, der Sonne. Bei der nächsten Sitzung der Königlichen Astronomischen Gesellschaft charakterisierte Eddington den Raum und seine Krümmung wie folgt: «Es ist schwierig, diese Ergebnisse mit den Gesetzen der euklidischen Geometrie zu vereinbaren, aber das bedeutet lediglich, dass wir uns an geometrische Gesetze halten müssen, die unter diesen Umständen noch gültig sind.»[4]

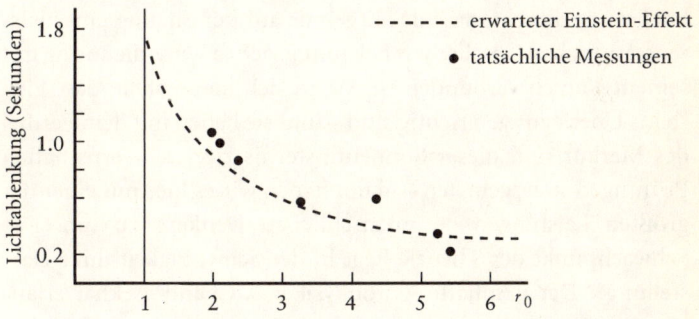

Das Treffen entwickelte sich zu einer hitzigen Auseinandersetzung zwischen zwei Standpunkten: der Auffassung von Eddington und Dyson, dass auf der einen Seite die allgemeine Relativitätstheorie bewiesen sei, zumindest soweit es die Lichtablenkung betreffe, und der entgegengesetzten Auffassung von Sir Oliver Lodge auf der anderen Seite. Dieser hatte gewettet, dass die beiden Expeditionen nicht die jetzt vorgelegten Ergebnisse erzielen würden. Hartnäckig hielt er an der alten Theorie fest, glaubte an den Mythos vom Äther und an andere physikalische Annahmen, die nun von der allgemeinen Relativitätstheorie widerlegt wurden. Ein anderer Skeptiker war Ludwig Silberstein, der die Auffassung vertrat, Einsteins Theorie sei nicht bewiesen, weil die Gravitations-Rotverschiebung noch nicht entdeckt worden sei. Geduldig erläuterte Eddington ihm, dass das Gewicht der vorliegenden Ergebnisse überwältigend und die Rotverschiebung eine ganz andere Frage sei, die in einem anderen Experiment geklärt werden müsse.

Am Ende setzte sich die Eddington-Dyson-Ansicht durch. Die Anwesenden waren mehrheitlich davon überzeugt, dass der Raum gekrümmt und die allgemeine Relativitätstheorie gültig sei. Der Präsident der Königlichen Gesellschaft, Sir J. J. Thomson, fasste dieses Meinungsbild am Ende der legendären Sitzung mit den Worten zusammen: «Dies ist in Hinblick auf die Gravitationstheorie das wichtigste Ergebnis seit Newtons Zeiten, und es ist höchst angebracht, dass das Ergebnis auf der Sitzung einer wissenschaftlichen Gesellschaft bekannt gegeben wird, die so eng mit seinem Namen verbunden ist. Wenn sich herausstellt, dass Einsteins Überlegungen richtig sind – und sie haben mit dem Perihel des Merkur und dieser Sonnenfinsternis zwei sehr ernsthaften Prüfungen standgehalten –, dann haben wir es hier mit einer der größten Leistungen des menschlichen Denkens zu tun. Der Schwachpunkt der Theorie liegt in der Schwierigkeit ihrer Darstellung.» Der namhafte Astrophysiker S. Chandrasekhar erläutert, was J. J. Thomson unter «Schwierigkeit» verstand. Offenbar hatte sich während der Sitzung die Auffassung durchgesetzt, die allgemeine Relativitätstheorie sei so schwer zu erklären, dass nur wenige Menschen auf der Welt in der Lage seien, sie zu verstehen. Dazu erzählt Chandrasekhar folgende Geschichte.

Beim Festbankett nach der Sitzung wandte sich Ludwig Silberstein an Eddington und sagte: «Professor Eddington, Sie gehören wohl zu den drei Menschen auf der Welt, die die allgemeine Relativitätstheorie verstehen.» Als Eddington zögerte, meinte Silberstein: «Seien Sie doch nicht so bescheiden, Eddington.» Darauf Eddington: «Ganz im Gegenteil, ich überlege, wer der Dritte sein könnte.»[5]

Auf diesem Bankett der Königlichen Astronomischen Gesellschaft las Eddington die Verse vor, die er zum Gedenken an den großen Erfolg der Expeditionen zu Papier gebracht hatte.

The Clock no question makes of Fasts and Slows,
But steadily and with a constant Rate it goes.
And Lo! The clouds are parting and the Sun
A crescent glimmering on the screen – It shows! –
It shows!

Five minutes, not a moment left to waste,
Five minutes, for the picture to be traced –
The stars are shining, and coronal light
Streams from the Orb of Darkness – Oh make haste!

For in and out, above, about, below
'Tis nothing but a Magic *shadow*-show
Played in a Box whose candle is the Sun
round which we Phantom Figures come and go.

Oh leave the Wise our measurement to collate.
One thing at least is certain, LIGHT has WEIGHT
One thing is certain and the rest debate –
Light-rays, when near the Sun, DO NOT GO STRAIGHT[6]

Die Sitzung fand ein lebhaftes Echo in den britischen Medien, und am nächsten Tag, dem 7. November, verbreitete sich die Nachricht. Eine Schlagzeile in der Londoner *Times* verkündete: «Revolution in der Wissenschaft – Neue Theorie vom Universum – Newtons Theorie widerlegt – Raum ‹gekrümmt›.» Wenig später folgten die *New York Times*, dann die Zeitungen und Zeitschriften in aller Welt. Einstein war mit einem Schlag eine der berühmtesten Persönlichkeiten – vielleicht sogar *die berühmteste* –, die die Welt je gesehen hatte.

* * *

Im Laufe der Jahre wurden weitere Sonnenfinsternis-Expeditionen unternommen, und alle bestätigten die Ergebnisse von Eddington und Dyson aus dem Jahr 1919. Die nächste Verfinsterungs-Expedition im Jahr 1922 erzielte Ergebnisse, die nachdrücklich für Einsteins Theorie sprachen, genauso wie alle folgenden Expeditionen – mit einer Ausnahme. Auf einem Treffen der Königlichen Astronomischen Gesellschaft im Januar 1932 gab Erwin Freundlich, zu diesem Zeitpunkt Astronom in Schottland, die Ergebnisse *seiner* Verfinsterungs-Expedition bekannt. Er behauptete, die Lichtablenkung, die er entdeckt habe, gehe erheblich über Einsteins Vorhersage hinaus.[7]

Kein Wunder, dass die lebhafte Korrespondenz zwischen Einstein und Freundlich, die sich immerhin über einen Zeitraum von zwanzig Jahren erstreckt hatte, 1932 schlagartig zum Erliegen kam. Einstein befand sich in der peinlichen Lage, dass er seine Theorie gegen die falschen Schlussfolgerungen seines einstigen Freundes verteidigen musste. In einem Brief an L. Mayr in Gmunden (vielleicht ein Laie, der von Freundlichs Ergebnissen aus den Medien erfahren hatte) schrieb er am 23. April 1932 in seinem Sommerhaus in Caputh: «Die Resultate des Herrn Freundlich beruhen (wie Herr Truempler von der Lick-Sternwarte in einer noch nicht erschienenen Abhandlung klar beweist) auf fehlerhafter Berechnung der Versuchsresultate, auch der früheren von 1922. Bei richtiger Rechnung kommt wieder gute Übereinstimmung mit der Theorie heraus.»[8]

Offenbar wurden die Ergebnisse, von denen Freundlich berichtete, nicht ernst genommen. Nachdem die beobachteten Daten über die Sonnenfinsternis von 1922 auf der Sitzung der Königlichen Astronomischen Gesellschaft im April 1923 bekannt gegeben worden waren, erklärte Eddington: «Ich glaube, es war Bellman in *The Hunting of the Snark*, der die Regel aufgestellt hat: ‹Wenn ich es dreimal sage, ist es richtig.› Die Sterne haben es nun dreimal auf verschiedenen Expeditionen gesagt, und ich bin davon überzeugt, dass ihre Antwort richtig ist.»

Damit stand fest, dass der Raum in der Umgebung eines massereichen Objekts nichteuklidisch – gekrümmt – ist. Da liegt natürlich die Frage nahe: Welche Form hat das *gesamte Universum*, nicht nur die unmittelbare Umgebung in der Nähe eines massereichen Objekts wie eines Sterns? Doch auch hier war Einstein den anderen weit voraus. In der Gewissheit, dass seine Theorie richtig und der Raum nichteuklidisch war, hatte er bereits schon zwei Jahre vor der triumphalen Bestätigung durch die Sonnenfinsternis von 1919 damit begonnen, sich Gedanken über die Geometrie und Entwicklung des Universums als Ganzes zu machen. Diese Arbeit resultierte in der strittigsten Hypothese seines Lebens. 1917, als er noch an seiner Feldgleichung arbeitete, öffnete Einstein versehentlich die Büchse der Pandora.

Kapitel 11
Kosmologische Betrachtungen

> «Ich habe mich oft gefragt, wie Einstein dazu kam,
> eine so einfache Annahme zu machen … das Uni-
> versum ist so einfach, dass wir es mit einer ein-
> dimensionalen Differenzialgleichung analysieren
> können – alles ist nur eine Funktion der Zeit. Na-
> türlich hatte Einstein eine wunderbare Intuition,
> und gewiss ist er der Wahrheit unheimlich nahe
> gekommen – so sieht das Universum aus.»
>
> *James Peeble,*
> *Kosmologe an der Princeton University, 1990*[1]

Im Februar 1917 legte Einstein der Preußischen Akademie der
Wissenschaften eine Arbeit vor, die die moderne Kosmologie aus
der Taufe hob. Hier wandte Einstein seine unlängst abgeschlosse-
ne allgemeine Relativitätstheorie konsequent auf die Fragen an,
die das Universum als Ganzes betrafen. Die Arbeit trug den Titel
Kosmologische Betrachtungen zur Allgemeinen Relativitätstheorie.
Es wird manchmal angenommen, Einstein sei bei seinen Überlegungen zum ganzen Universum von einer Idee ausgegangen, die
Ernst Mach entwickelt hat.[2]

Mach zufolge gingen die in der Welt beobachteten Trägheits-
kräfte auf das Gesamtsystem der Fixsterne als Bezugssystem zurück. Das wird als das Mach'sche Trägheitsgesetz bezeichnet. Danach hängt die Gesamtträgheit eines Massenpunktes von allen
anderen Massen im Universum ab. Betrachten wir als Beispiel das
Foucault'sche Pendel. Dieses Pendel, das von einer hohen Decke
herabhängt und quer über einem großen Kreis auf dem Boden
schwingt, ist in vielen Wissenschaftsmuseen zu besichtigen. Sein
Prinzip wurde von Jean Foucault entdeckt.

Während das Pendel hin und her schwingt, kann man bei längerer Beobachtung deutlich erkennen, dass sich seine Schwingungsebene verändert. Das liegt daran, dass das Pendel nicht der Erde folgt, sondern seiner eigenen Schwingungsrichtung, während sich die Erde unter dem Pendel weiterdreht. Mach vertrat die Ansicht, das Foucault'sche Pendel verdanke seine Trägheit, unabhängig von der Erde, den Fixsternen im Universum.

Einsteins Aufsatz beginnt mit einer neuen Analyse des Problems einer alten Gleichung, die von Newton und dem französischen Mathematiker Siméon-Denis Poisson (1781–1840) stammt. Newton gelangte zu der Schlussfolgerung, das Universum könne nicht endlich sein. Bereits in den neunziger Jahren war Newton klar, dass die Gravitationsanziehung, die alle massiven Objekte auf alle anderen massiven Objekte ausüben, ein statisches, endliches Universum unmöglich macht. Warum? Betrachten Sie einen Raum, in dem lediglich eine endlich große, kugelförmige Region mit Galaxien, Sternen und intergalaktischer Materie angefüllt ist. Die Galaxien am Rand dieser Region werden nach innen gezogen – außerhalb dieser Region existiert keine Materie, deren Schwerkraft sie nach außen ziehen könnte. Auch alle anderen Galaxien erfahren eine Kraft hin zum Schwerpunkt der Kugelregion, und letztendlich fällt die gesamte Materie des Universums auf diesen Schwerpunkt zu – ein klarer Beweis, dass es sich nicht um eine statische Anordnung handelt.

Daraus zog Newton den Schluss, dass dieses Ereignis nicht eintreten würde, wenn das Universum unendlich viele Sterne enthielte, die über einen unendlichen Raum verteilt wären, denn dann gäbe es keinen Massenmittelpunkt, zu dem alles zusammenstürzen könnte. Dieses Argument war jedoch insofern falsch, als man in einem unendlichen Universum jeden Punkt als Massenmittelpunkt des Universums ansehen könnte, da es in jeder Richtung, in die man blickt, unendlich viele Sterne gibt. Später entdeckte man, dass man dieses Problem durch einen mathematischen Grenzwert lösen konnte: Nehmen wir ein endliches Universum an und fügen wir radial in alle Richtungen unendlich viele Sterne hinzu. Als man dieses Argument zu Ende dachte, wurde klar, dass selbst ein unendliches Universum – wenn es statisch und die Gravitation die einzige weitreichende Kraft wäre – irgendwann in sich zusammenstürzen würde.

In der genannten Arbeit erörtert Einstein zunächst den Newton'-schen Gravitationsbegriff und zieht die Poisson-Gleichung heran, eine Differenzialgleichung, die die Materieverteilung zur Veränderung im Gravitationspotenzial ϕ in Beziehung setzt. Einstein legt dar, dass das Gravitationspotenzial ϕ gegen einen bestimmten, endlichen Wert geht, wenn man sich unendlich weit in den Raum hinausbegibt. Wenn man das Universum in seiner Ausdehnung als unendlich ansehen will, dann muss man die Gleichungen der allgemeinen Relativitätstheorie einschränkenden Bedingungen unterwerfen. Eine solche Bedingung ist die Festlegung eines Grenzwerts für das Gravitationsfeld im Unendlichen, hier: dass die durchschnittliche Materiedichte im Universum, mit ρ bezeichnet, rascher gegen null geht als $1/r^2$, wobei r der Abstand vom sphärischen Universum ist, der nach außen gegen Unendlich strebt. Diese Bedingung würden das Universum mit einer Art von Endlichkeit ausstatten, sagte Einstein, obwohl die Gesamtmasse unendlich sein könne.[3]

Für das Modell des Universums, das Einstein entwickeln will, ergibt sich, dass das Gravitationsfeld von Newton und Poisson, ϕ, in der Feldgleichung der Gravitation durch den Riemann'schen metrischen Tensor $g_{\mu\nu}$ und die Materiedichte von Newton und Poisson, ρ, durch den Energie-Impuls-Tensor $T_{\mu\nu}$ ersetzt wird.[4] Diese Tensor-Größen waren die Elemente der Feldgleichung der Gravitation, die Einstein zwei Jahre zuvor als das Endprodukt seiner allgemeinen Relativitätstheorie abgeleitet hatte:

$$R_{\mu\nu} - {}^1\!/_2\, g_{\mu\nu} R = -k\, T_{\mu\nu}$$

(Wobei $k = 8\pi g$ ist, wodurch die Gleichung eine kompaktere Form bekommt.)

Ihn beschäftigte die Frage, wie sich die Newton-Poisson-Beziehung konsistent in seiner mit Tensoren operierenden Feldgleichung der Gravitation verallgemeinern ließ, damit er die allgemeine Relativitätsgleichung sinnvoll auf das riesige Universum als Ganzes und nicht nur auf die lokale Umgebung eines Sterns oder einer Galaxie anwenden konnte.

Ausgehend von der Annahme, dass die durchschnittliche Materiedichte rascher gegen null geht als eins durch den quadrierten Radius des Universums, wurde Einstein klar, dass seine Gleichung eine interessante Bedingung erfüllen musste: Strahlung, die von Himmelskörpern emittiert wird, verlässt teilweise das Newton'sche Universum; sie entweicht aus dem Universum und verliert sich in der Weite der Unendlichkeit. Aus dem Umstand, dass das Gravitationsfeld in unendlich großer räumlicher Entfernung konstant sein muss, schloss Einstein, dass genauso, wie ein Lichtstrahl das Universum verlassen und seinen Weg außerhalb des Universums ins Unendliche fortsetzen könnte, dies auch für einen massereichen Körper wie einen Stern gelten müsste. Ein Stern könnte also die Newton'schen Anziehungskräfte überwinden und «räumliche Unendlichkeit erreichen». Er schrieb: «Dieser Fall muss nach der statistischen Mechanik so lange immer wieder eintreten, als die gesamte Energie des Sternensystems genügend groß ist, um – auf einen einzigen Himmelskörper übertragen – diesem die Reise ins Unendliche zu gestatten, von welcher er nie wieder zurückkehren kann.»[5]

An diesem Punkt machte Einstein eine verblüffende Entdeckung: Das Universum selbst müsste *expandieren* – Sterne, Materie und Strahlung müssten nach außen ins «Unendliche» fliegen, weil sonst das ganze Universum in sich selbst zusammenstürzen würde, egal, ob es eine endliche Zahl von Sternen und eine endliche Materiemenge besitzt oder nicht.[6] So entdeckte Einstein – anhand seiner eigenen Feldgleichungen – die Expansion des Universums. Doch er glaubte seiner Schlussfolgerung nicht. In der Arbeit erklärte er wiederholt, dass die beobachtete Geschwindigkeit der

Sterne ziemlich klein sei (das heißt, sie könnten nicht in die Unendlichkeit entweichen, weil ihre Geschwindigkeit zu gering wäre). Einstein: «Man könnte dieser eigentümlichen Schwierigkeit durch die Annahme zu entrinnen versuchen, dass jenes Grenzpotenzial im Unendlichen einen sehr hohen Wert habe. Dies wäre ein gangbarer Weg, wenn nicht der Verlauf des Gravitationspotenzials durch die Himmelskörper selbst bedingt sein müsste. In Wahrheit werden wir mit Notwendigkeit zu der Auffassung gedrängt, dass das Auftreten bedeutender Potenzialdifferenzen des Gravitationsfeldes mit den Tatsachen im Widerspruch ist. Dieselben müssen vielmehr von so geringer Größenordnung sein, dass die durch sie erzeugbaren Sterngeschwindigkeiten die tatsächlich beobachteten nicht übersteigen.»[7] Wenn Einstein doch gewusst hätte, was wir heute wissen. Die am weitesten entfernten Galaxien, die wir beobachtet haben, entfernen sich von uns (in Richtung *Unendlichkeit*) mit Geschwindigkeiten, die mehr als 95 Prozent der Lichtgeschwindigkeit betragen.

Doch das war Einstein nicht bekannt. In seinem Universum gab es nur eine Galaxie – die Milchstraße. Selbst Andromeda, unser nächster Nachbar mit einer Entfernung von 2,2 Millionen Lichtjahren, war 1917 noch nicht als eine andere Galaxie erkannt worden. Man hielt sie für einen Nebel – einen verschwommenen Flecken am Himmel aus Gas und Staub –, der sich in unserer Galaxie, dem Universum, befand. Und hier, in der Milchstraße, bewegen sich die Sterne nicht sehr schnell. Also tat Einstein, was er für richtig halten musste – er ignorierte, was ihm die Theorie mitteilte, und versuchte, die Theorie so zu verändern, dass sie der Wirklichkeit entsprach, die er sah: einem statischen Universum, das aus irgendeinem Grund nicht in sich zusammenstürzte.

Einsteins Feldgleichung der Gravitation ist mathematisch außerordentlich elegant. Darum war Einstein schon so fest von der Richtigkeit seiner Gleichung überzeugt, als noch kein experimenteller Beweis für die allgemeine Relativitätstheorie vorlag, und deshalb hat er später auf die Frage, was er getan hätte, wenn sich ein solcher Beweis nicht gefunden hätte, geantwortet: «Da könnt mir halt der liebe Gott Leid tun. Die Theorie stimmt doch.» Das Problem, vor dem er stand – ein scheinbar statisches Universum mit der schönen Gleichung zu vereinbaren, die ein expandierendes Universum implizierte –, wurde ein ernsthaftes Trauma. Aber, wie er sagte, er musste unter allen Umständen versuchen, Realität und Gleichung zur Deckung zu bringen. Und das tat er. Er *veränderte* seine vollkommene Gleichung, die ihm und der Physik so gute Dienste bei der Beschreibung der Naturerscheinungen geleistet hatte. Aus der Gleichung

$$R_{\mu\nu} - {}^1\!/_2\, g_{\mu\nu} R = - k\, T_{\mu\nu}$$

machte er

$$R_{\mu\nu} - {}^1\!/_2\, g_{\mu\nu} R - \lambda\, g_{\mu\nu} = - k\, T_{\mu\nu},$$

das heißt, er fügte eine einfache Konstante hinzu, durch den griechischen Buchstaben Lambda, λ, bezeichnet, die er mit seinem metrischen Tensor $g_{\mu\nu}$ multiplizierte. Das war eine vorsichtige und umsichtige Modifikation, mit dem Erfolg, dass die wichtigen physikalischen Eigenschaften erhalten blieben, die eine sinnvolle Gleichung erfüllen musste. Die Veränderung, die Einstein vornahm, sollte sich auf lokale Phänomene wie die Bewegung der Planeten wenig, bei großen Abständen dagegen erheblich auswirken. Es war ein genialer Plan – ein Plan, wie er nur Einstein einfallen konnte.

Einsteins Gleichungen setzen die Krümmung des Raums in Beziehung zur darin enthaltenen Materie. Einstein fügte zum Einfluss der Materie von Hand eine weitere Gravitationsquelle hinzu – proportional zu einer Konstanten λ – und frisierte damit die Geometrie des Universums so, dass sie in seine kosmologischen Vorstellungen passte. Der Term λ, der ihm das ermöglichte, wurde später als *kosmologische Konstante* bezeichnet. Die Geister, die er damit rief, sollte er allerdings nie wieder loswerden. Die kosmologische Konstante verfolgte ihn bis ans Ende seiner Tage.

Die Gleichung mit der Konstante besaß viele begrüßenswerte Eigenschaften. Sie war das erste mathematische Modell des Universums als Ganzes. In diesem Modell ist das Universum statisch – weder expandiert es, noch zieht es sich zusammen. Es hat eine kugelförmige, sphärische Geometrie. Es hat konstante Krümmung. Außerdem ist das Problem der Newton'schen Unendlichkeit gelöst, da das Universum *endlich* ist und doch ohne Grenzen. Um zu verstehen, wie ein Modell endlich und doch unbegrenzt sein kann, brauchen Sie nur das zweidimensionale Beispiel einer Kugelfläche zu betrachten. Dort ist ein Großkreis der kürzeste Abstand zwischen zwei Punkten. Wenn man einer solchen Kurve auf der Oberfläche der Erde folgt, gelangt man schließlich wieder zum Ausgangspunkt: Man hat den Globus einmal umrundet. Eine derartige Kurve (eine so genannte Geodätische) hat keinen Rand – weder Anfang noch Ende –, und doch ist die Fläche insgesamt begrenzt. Einsteins Universum ist eine dreidimensionale Analogie der Erdoberfläche. Ein Lichtstrahl oder ein Teilchen, das in einem solchen Universum einer Geodätischen folgt (einer Kurve, die den kürzesten Abstand zwischen zwei Punkten darstellt), kommt am Ende wieder zu seinem Ausgangspunkt zurück – wenn das auch sehr lange dauert. Ein solches Universum ist endlich, aber unbegrenzt. Einsteins Universum hat eine Krümmung, die zeitabhängig ist. Außerdem ist das Universum homogen, es sieht überall gleich aus. Es ist sogar *isotrop*, das heißt, es sieht in jeder Richtung, in die ein Beobachter blickt, gleich aus – es gibt keine bevorzugte Richtung im Raum.

Der Krümmungsradius in Einsteins dreidimensionalem sphärischen Universum steht in enger Beziehung zur kosmologischen Konstante λ, und sowohl der Radius als auch λ hängen von der Dichte der Materie im Universum ab. Wenn sich viel Masse im Universum befindet, ist der Krümmungsradius kleiner – die riesige Sphäre ist stärker gekrümmt, wenn sie mehr Masse enthält. Ist weniger Materie vorhanden, ist die Raumkrümmung entsprechend geringer. Einstein hielt diese Eigenschaften für realistisch. Er interessierte sich auch für die *Dichte* der Masse im Universum, das heißt für das Verhältnis von Masse zu Volumen: Wie ist die Gesamtmasse des Universums in der riesigen Raumsphäre verteilt?

In Einsteins Universum gilt die Annahme, dass die durchschnittliche Dichte überall im Raum gleich ist. Diese Annahme belegte Einstein mit den lokalen Ergebnissen seiner allgemeinen Relativitätstheorie: «Der metrische Charakter (Krümmung) des vierdimensionalen raumzeitlichen Kontinuums», schrieb er in seinem Kosmologieaufsatz, «wird nach der allgemeinen Relativitätstheorie in jedem Punkte durch die daselbst befindliche Materie und deren Zustand bestimmt.» Da die Materie ungleichmäßig im Raum verteilt sei, müsse die metrische Struktur dieses Kontinuums notwendigerweise äußerst kompliziert sein.

Doch Einstein bot einen Ausweg an. Wenn wir den großräumigen Aufbau des Universums betrachteten, sagte er, und keine lokalen Eigenschaften wie etwa die starke Krümmung des Raums in der Umgebung massereicher Objekte, dann sei die *durchschnittliche* Raumdichte ein brauchbarer Parameter. Folglich «dürfen wir uns die Materie als über ungeheure Räume gleichmäßig ausgebreitet vorstellen, sodass deren Verteilungsdichte eine ungeheuer langsam veränderliche Funktion wird».

Diese durchschnittliche Materiedichte im Universum bezeichnete Einstein durch den griechischen Buchstaben ρ. Das Konzept blieb in allen kosmologischen Theorien des 20. Jahrhunderts ein wichtiger Punkt. Einstein glaubte, er hätte eine weitere wünschenswerte Eigenschaft des Universums entdeckt, denn aus dem Modell, das er als Lösung seiner Gleichung ableitete, ging hervor, dass, falls die kosmologische Konstante nicht null war, der Gleichung nicht genügt wurde, wenn der Parameter ρ der Massendichte ebenfalls gleich null war. Daher dachte er, die Gleichung gelte nicht in einem Universum ohne Materie. Das beunruhigte ihn.

Zunächst erschien die Einführung der kosmologischen Konstante in die Einstein'sche Gleichung völlig harmlos. Schließlich war es seine eigene Gleichung – da durfte er sie ja auch verändern, wie es ihm beliebte. Doch schon bald kamen die ersten Einwände. In Holland hatte der alte Willem de Sitter das Interesse an Kosmologie und allgemeiner Relativitätstheorie noch lange nicht verloren. Mit den Freunden Ehrenfest und Lorentz war er unermüdlich damit beschäftigt, alle Implikationen der Einstein'schen Theorie zu erkunden. Anfang des Jahres, in dem Einsteins Artikel über Kosmologie erschien – 1917 –, hatte de Sitter bereits eine eigene Arbeit veröffentlicht, die Einstein größte Bauchschmerzen bereitete. Denn in dieser Arbeit legte de Sitter eine *andere Lösung* der Einstein'schen Gleichung mit kosmologischer Konstante vor, eine Lösung, die ein Universum ohne Materie erlaubte – ein Universum des leeren Raums.

Einstein war bestürzt, weil er bei seinem Versuch, den Kosmos zu erklären, von Machs Idee ausgegangen war, dass die Massenverteilung des Universums bestimmen würde, was Inertialsysteme sind (das Foucault'sche Pendel schwingt auf seine besondere Weise in Reaktion auf die Kraft, die sich aus allen Massen im Universum zusammensetzt). Einstein scheint an das Mach'sche Prinzip geglaubt zu haben und hat in seinem Prager Jahr über die Plausibilität der Vermutung geschrieben, dass die Gesamtträgheit eines Massenpunktes auf die Anwesenheit aller anderen Massen zurückgehe – eine Art Wechselwirkung eines Massenpunktes mit allen anderen Massen im Universum. Später in Zürich war er mehr denn je davon überzeugt, dass das Prinzip zutreffe, und schrieb Mach sogar, dass dessen Hypothese bestätigt sei, falls man die Lichtablenkung entdeckte.

Doch als er 1917 seinen Aufsatz über Kosmologie schrieb, der sich zum Teil mit Machs Hypothese beschäftigte, hatte er offenbar einige Bedenken – denn er schrieb an seinen Freund Paul Ehrenfest: «Ich habe auch wieder etwas verbrochen in der Gravitationstheorie, was mich ein wenig in Gefahr setzt, in einem Tollhaus interniert zu werden.»[8] Vor dem Erscheinen des Artikels erwähnte Einstein in einem Gespräch mit de Sitter die Möglichkeit, dass die Trägheit direkt auf das Vorhandensein der gesamten Materie im Universum zurückzuführen sei. Doch nachdem Einsteins kosmologische Arbeit jetzt veröffentlicht war, ließ de Sitters Lösung darauf schließen, dass die Masse im Universum nicht erforderlich war, um solche Inertialsysteme zu schaffen. Außerdem wies de Sitters Lösung der Einstein-Gleichungen ein weiteres wichtiges Merkmal auf, das zunächst übersehen wurde, als de Sitters Aufsatz erschien. Es enthielt eine Art kosmischer Abstoßungskraft, die auf alle Massen wirkte und sich bemühte, das Universum zu immer schnellerer Expansion anzutreiben. Daraufhin begann der scharfsinnige de Sitter, nach astronomischen Berichten über eine kosmische Expansion zu suchen, fand aber keine. (Die Art, in welcher der De-Sitter-Raum expandiert, ist seit einigen Jahren wieder zu kosmologischen Ehren gekommen, und zwar in der Theorie des inflationären Universums, die in den achtziger Jahren von dem Kosmologen Alan Guth am MIT entwickelt wurde.) Doch die um die kosmologische Konstante ergänzte Theorie sollte es bald mit noch schwerwiegenderen Problemen zu tun bekommen.

Einstein war zweifellos davon überzeugt, dass die richtige Feldgleichung des Universums keine Lösung ohne Materie haben dürfe. Ein leeres Universum war aus vielen Gründen reizlos, ganz abgesehen davon, dass es Machs Idee bezüglich der Inertialsysteme widerlegte. Nach dem Erscheinen der de-Sitter'schen Arbeit unternahm Einstein in den beiden folgenden Jahren große Anstrengungen, einen Fehler in de Sitters Lösung zu finden. Es gelang ihm nicht. 1919 versuchte er es mit einem anderen Weg. Die Gleichung mit der kosmologischen Konstante ergänzte er durch die Annahme, dass der Energie-Impuls-Tensor T elektromagnetischen Ursprungs sei. Der Annahme lag die Hypothese zugrunde, dass elektrisch geladene Teilchen durch Gravitation zusammengehalten würden.

Dieser Ansatz war Einsteins erster Versuch, die Theorien der

Physik zu *vereinheitlichen*: In gewisser Weise versuchte er hier, den Elektromagnetismus und die Gravitation zusammenzufassen. Die Suche nach einer einheitlichen Feldtheorie sollte für den Rest seines Lebens Einsteins Hauptbeschäftigung bleiben. Doch es gelang ihm nie, eine Gleichung zu finden, die alle Gesetze der Physik beschrieb. Auf jeden Fall sprach Einstein in den Jahren nach 1917 nicht mehr über Machs Idee, dass die Trägheit auf die Massen im Universum zurückzuführen sei. Er begann, den Glauben an die kosmologische Konstante zu verlieren. Und bald erhielt sie dann auch den Gnadenstoß – jedenfalls in Einsteins Augen.

Der entscheidende Schlag gegen die kosmologische Konstante wurde durch die Arbeit von zwei amerikanischen Astronomen geführt. 1917, im selben Jahr, in dem die Artikel von Einstein und de Sitter erschienen, wurde auch eine Arbeit von Vesto M. Slipher veröffentlicht, einem Astronomen an der Lowell-Sternwarte in Flagstaff, Arizona. Slipher beobachtete Spiralnebel durch sein Teleskop. Damals hielt man diese kosmischen Objekte für Teile der Milchstraße. Doch Slipher bemerkte, dass es neben der Rotationsgeschwindigkeit der Sterne innerhalb dieser Spiralnebel noch eine starke, durchgehende Verschiebung der Spektrallinien zum roten Ende des Spektrums gab. Als Slipher die Rotverschiebung anhand des Doppler-Effekts in eine Geschwindigkeit umrechnete, kam er zu dem Ergebnis, dass sich die Spiralnebel mit sehr hoher Geschwindigkeit von uns entfernen – einige von ihnen mit mehr als drei Millionen Stundenkilometern. Damit hatte Slipher, ohne es zu wissen, den Beweis für die Expansion des Universums gefunden. Er konnte lediglich feststellen, dass sich die meisten Nebel, die er beobachtete, sehr schnell von uns entfernten (von einigen wenigen abgesehen, von denen heute bekannt ist, dass es Galaxien ganz in unserer Nähe sind), aber er wusste weder, dass es sich um eigene Galaxien handelte, noch, wie weit sie entfernt waren. Doch das sollte sich durch die Arbeit von Edwin Hubble rasch ändern.

Seine verblüffenden Entdeckungen waren Hubble allerdings nur möglich, weil zuvor von einer Astronomin an der Sternwarte des Harvard College eine bahnbrechende astronomische Technik entwickelt worden war. Henrietta Leavitt (1868–1921) katalogisierte veränderliche Sterne, die von der südlichen Sternwarte der Harvard University in Peru beobachtet worden waren. Dabei untersuchte Leavitt auch die Lichtkurven von veränderlichen Sternen in der Großen und der Kleinen Magellan'schen Wolke. Das sind zwei Satellitengalaxien der Milchstraße, allerdings wusste man damals noch nicht, dass es sich um separate Galaxien handelte. Die beiden Magellan'schen Wolken entdeckte die Mannschaft von Magellans Schiff bei der Weltumseglung im Jahr 1686. Sie waren am Nachthimmel als verschwommen helle Flecken in der Nähe des Himmelssüdpols zu erkennen. Da jede Magellan'sche Wolke wie eine zusammenhängende Sternengruppe aussah, schien die Annahme vernünftig zu sein, dass die Entfernung von der Erde zu den einzelnen Sternen in der Wolke ungefähr gleich sei (nach astronomischen Maßstäben).

Das erwies sich als sehr nützlicher Kunstgriff, denn auf diese Weise konnte Leavitt eine verblüffende Entdeckung machen. Sie stellte eine direkte Beziehung zwischen der scheinbaren Helligkeit eines veränderlichen Sterns und der Periode seiner Leuchtkraftschwankungen fest. Da alle Sterne einer Magellan'schen Wolke ungefähr die gleiche Entfernung von der Erde haben, konnte man davon ausgehen, dass die Beziehung zwischen scheinbarer Helligkeit und Periode auch für die Beziehung zwischen absoluter Helligkeit (das heißt der Helligkeit bei einer vorher festgelegten Standardentfernung) und periodischer Veränderlichkeit zutraf. Dabei untersuchte Henrietta Leavitt Sterne von besonderer Art: die Cepheiden oder Delta-Cephei-Veränderlichen. Ihren Namen verdanken sie dem Umstand, dass der erste Stern, der eine sehr regelmäßige Periode von Helligkeit und Dunkelheit hatte, der Stern Delta im Sternbild Cepheus war.

1912 hatte Leavitt die Perioden-Leuchtkraft-Beziehung für fünfundzwanzig Sterne bestimmt. Sorgfältig verglich sie die Helligkeit jedes Sterns mit seiner Periode und fand nach langer, mühevoller Arbeit die exakte mathematische Beziehung zwischen den beiden Variablen. Je heller der Cepheide erschien, desto länger seine Periode. Aus dieser Beziehung zwischen den beiden astronomischen Variablen ließen sich die Entfernungen der Sterne bestimmen – wo immer Vertreter dieses Sternentyps angetroffen wurden. 1917 konnte man mit Hilfe von Leavitts Technik die Entfernung zu jedem Cepheiden herausfinden – selbst zu denen in den fernsten Galaxien. Damit hatte Leavitt der Astronomie ihre erste «Standardkerze» gegeben, wie wir sie heute bezeichnen – ein Maß zur Bestimmung kosmischer Entfernungen. 1998 berichteten Saul Perlmutter und seine Forschungsgruppe über die Verwendung einer Standardkerze anderer Art – der Typ-I-Supernovae –, die dem gleichen Zweck diente, der Entfernungsbestimmung von allerdings viel weiter entfernten Galaxien. Bei solchen fernen Galaxien lässt sich die Cepheiden-Technik nicht anwenden, weil diese Sterne einfach zu weit weg sind. Gewaltige Explosionen können dagegen durch sorgfältige Aufnahmen und sehr leistungsfähige Teleskope durchaus noch erfasst werden. Jedenfalls waren damit die Voraussetzungen gegeben, die Hubble brauchte, um den ersten schlüssigen Beweis für die kosmische Expansion zu liefern.

Edwin Hubble (1889–1953), nach dem das Hubble-Weltraum-Teleskop benannt wurde, gilt als der bedeutendste Astronom des 20. Jahrhunderts. Er wurde am 20. November 1889 in Marshfield, Missouri, geboren. Zunächst studierte Hubble an der Oxford University Jura, wandte sich aber bald der Astronomie zu und begann sein Studium an der Yerkes-Sternwarte der University of Chicago. Dann diente er als Soldat im Ersten Weltkrieg. Hubble war dreißig Jahre alt, als er 1919, nach Kriegsende, aus den amerikanischen Streitkräften in Europa entlassen wurde und seine Tätigkeit als Astronom an der Mount-Wilson-Sternwarte in Kalifornien aufnahm, die damals das größte Teleskop der Welt hatte: das 2,54-Meter-Hooker-Spiegelteleskop. 1923 begann Hubble ein Beobachtungsprogramm, das aus der Suche nach Novae im Andromedanebel bestand – dem größten Spiralnebel am Himmel (wie wir heute wissen, unsere nächstgelegene Galaxie, wenn man von den beiden Magellan'schen Wolken absieht). Als sich Hubble eine Aufnahme der ersten Nova, die er im Andromedanebel entdeckt zu haben glaubte, etwas genauer ansah, bemerkte er, dass es sich in Wirklichkeit um einen Cepheiden handelte.

Zu diesem Zeitpunkt hatte der Astronom Harlow Shapley (1885–1972), der an der Mount-Wilson-Sternwarte arbeitete, den Abstand der Magellan'schen Wolken von unserer eigenen Galaxie bereits mit Hilfe von Henrietta Leavitts Verfahren bestimmt. Als Hubble nun entdeckte, dass der von ihm fotografierte Stern in Andromeda ein Cepheide war, geriet er daher in große Aufregung. Nachdem sich Hubble die Lichtkurve des Sterns angesehen hatte, konnte er die Entfernung von Andromeda mit 900 000 Lichtjahren beziffern (heute wissen wir allerdings, dass sie größer ist – 2,2 Millionen Lichtjahre). Dieses Ergebnis bewies, dass Andromeda eine eigene Galaxie ist und kein Teil der Milchstraße. Mit dieser Entdeckung wurde der Streit beigelegt, der als «Große Debatte» in die Geschichte der Astronomie eingegangen ist: Gab es Inseluniversen, oder bestand das Universum nur aus der Milchstraße, in der alles enthalten war, was am Himmel zu sehen war?

Nachdem Hubble die Existenz einer von der Milchstraße vollkommen unabhängigen Galaxie bewiesen hatte, richtete er sein riesiges Teleskop auf andere Nebelregionen am Himmel, um festzustellen, ob es sich auch bei ihnen um eigenständige Galaxien handelte. Unterstützt von seinem Kollegen Milton Humason (1891–1957), widmete sich Hubble im Laufe der nächsten Jahre ganz der Beobachtung von Galaxien zunächst mit dem 2,5-Meter-, dann mit einem 5-Meter-Teleskop. Hubble analysierte sowohl die Entfernung als auch die Doppler-Rotverschiebung von zwei Dutzend Galaxien.[9] Das führte zu seiner größten Entdeckung: Im Allgemeinen entfernen sich Galaxien von uns mit einer Geschwindigkeit, die ihrer Entfernung von uns proportional ist. (Mit Hilfe der Rotverschiebung konnte er die Fluchtgeschwindigkeit und mit Leavitts Cepheiden-Regel die Entfernung berechnen.) Es gab eine eindeutige, lineare Beziehung zwischen Expansionsgeschwindigkeit und Entfernung. Die Steigung der Gerade heißt heute Hubble-Konstante, und die lineare Gesetzmäßigkeit zwischen Expansionsgeschwindigkeit und Entfernung bezeichnet man als Hubble-Gesetz. Es gibt nur eine logische Erklärung für das Hubble-Gesetz: Das Universum als Ganzes expandiert wie ein Rosinenkuchen, der im Backofen aufgeht.

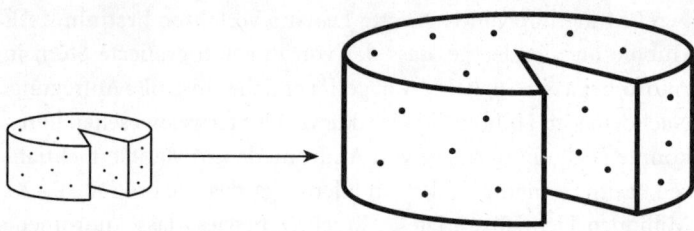

Das Hubble-Gesetz hat unser Verständnis des Universums verändert. Ein statisches Modell war nicht mehr angebracht. Und für ein Universum, das mit konstanter Geschwindigkeit expandierte – wie aus Hubbles Daten über relativ nahe Galaxien hervorzugehen schien –, war die kosmologische Konstante in Einsteins Gleichung nicht erforderlich. Nachdem Einstein 1931 Kalifornien besucht und die Berechnungen der Astronomen gesehen hatte, erklärte er, die kosmologische Konstante habe nichts in seiner Gleichung zu suchen, und nahm sie hochoffiziell wieder heraus. Doch noch bevor Hubble die Expansion des Universums verkünden konnte, bereitete ihm die kosmologische Konstante aus rein theoretischen Gründen Unbehagen. Seine Zweifel an der Konstante hingen mit zwei anderen Modellen des Universums zusammen, die von seiner Gleichung mit der kosmologischen Konstante ausgingen.

Alexander Friedmann (1888–1925) wurde in Sankt Petersburg geboren und studierte Meteorologie und Mathematik. Er begann, sich für die allgemeine Relativitätstheorie zu interessieren, während er an der Russischen Akademie der Wissenschaften arbeitete. Als er sich näher mit Einsteins Gleichungen beschäftigte, beschloss Friedmann, die Annahme eines statischen Universums fallen zu lassen, wohl aber Einsteins Voraussetzungen der Homogenität und Isotropie beizubehalten. Bei der Lösung der Gleichungen wurde Friedmann klar, dass die kosmologische Konstante für das Universum nicht erforderlich war. Einstein hielt Friedmanns Modell für falsch – er glaubte, Friedmann habe bei der Lösung einen Fehler gemacht – und schrieb darüber. Später erkannte Einstein jedoch, dass er selbst in seinem Einwand gegen Friedmann einen Fehler begangen hatte, zog seinen Widerspruch zurück und nannte Friedmanns Arbeit «erhellend». Das war der zweite theoretische Schock, den Einstein nach Einführung der kosmologischen Konstante erlitt. Außerdem gab es noch die Arbeit des belgischen Priesters und Mathematikers Georges Lemaître. 1927 hörte Lemaître von Sliphers ersten Beobachtungen der Rotverschiebungen und schlug ein mathematisches Modell für ein expandierendes Universum vor.

1923 untersuchten Hermann Weyl (1885–1955) und Eddington, was mit Teilchen geschieht, die den Bedingungen von de Sitters Universum-Modell unterworfen sind, und stellten fest, dass die Teilchen sich voneinander entfernten. In einem Brief an Weyl äußerte sich Einstein zu diesem Ergebnis wie folgt: «Wenn schon keine quasi-statische Welt, dann fort mit dem kosmologischen Glied.»[10]

Kapitel 12
Die Expansion des Raums

«Letztlich ist nur das Universum umsonst.»
Alan Guth

In seiner wegweisenden Schrift *The Cosmological Constant Problem* schrieb der Physiker und Nobelpreisträger Steven Weinberg, einer der wenigen Menschen, die Einsteins Gleichungen der allgemeinen Relativitätstheorie bis in ihre feinsten Verästelungen verstehen: «Leider war es gar nicht so leicht, die kosmologische Konstante fallen zu lassen, weil alles, was zur Energiedichte des Vakuums beiträgt, wie eine kosmologische Konstante wirkt.»[1] Mit der Einführung seiner kosmologischen Konstante hatte Einstein ein neues mathematisches Instrument für die Wissenschaft entwickelt – und selbst er konnte es nicht wieder aus der Welt schaffen. Ob dieses Instrument den Physikern und Kosmologen dabei helfen konnte, die Theorien des Universums zu erklären, war nun eine wichtige Frage.

Eine positive kosmologische Konstante kann als Abstoßungskraft in Erscheinung treten, die der Anziehungskraft der Gravitation entgegenwirkt. Als Einstein seine Konstante einführte, brauchte er etwas, was das Universum, das gemäß der von ihm entwickelten Feldgleichung in sich zusammenstürzen wollte, nach außen drückte. Es war eine Art künstliche Kraft, die Einstein postulierte, um den Gravitationskollaps des Universums zu verhindern. Nachdem sich herausgestellt hatte, dass das Universum expandiert, ließ Einstein die kosmologische Konstante fallen.

Als sich Alexander Friedmann über Einsteins Annahme eines statischen Universums hinwegsetzte, dessen ursprüngliche Feldgleichung löste und auf die Expansion des Universums stieß, tat sich damit ein neues Kapitel in der Kosmologie auf. Das führte Lemaître und andere zu einer nahe liegenden Frage: Wenn das Universum expandiert, zu welchem Zeitpunkt hat die Expansion dann begonnen? Die intuitive Antwort lautete damals: Irgendwann in ferner Vergangenheit war im Universum alles sehr nahe beieinander – und daher auch außerordentlich heiß und dicht. Dieser sehr dichte, kleine Klumpen aus Materie und Energie hat sich dann irgendwie durch rasche Expansion zu dem riesigen Universum unserer Tage entwickelt. Ende der vierziger Jahre des 20. Jahrhunderts hat der Cambridger Kosmologe Fred Hoyle in einem Rundfunkvortrag den Begriff *Big Bang* («Urknall») geprägt, um die gewaltige Explosion zu beschreiben, mit der das Universum und seine Expansion begonnen haben.

Die Krümmung der Raumzeit nimmt mit der Masse des Objekts zu, das heißt, als das gesamte Universum auf sehr engem Raum zusammengedrängt war, wies der Raum eine extreme Krümmung auf. Mit der Konzentration des gesamten Universums in einem einzigen Punkt stand die Zeit still, weil in diesem Punkt – der Raumzeit-*Singularität* – die Massendichte unendlich war und damit die Gleichungen von Zeit und Raum ihre Gültigkeit einbüßten. Die Zeit ließ sich an der Singularität nicht definieren. Diese Idee veranlasste Lemaître, den Anfang des Universums als «einen Tag ohne Gestern» zu beschreiben.

1965 schrieb Roger Penrose von der Oxford University einen Artikel, in dem er topologische Ideen verwendete, um zu beschreiben, unter welchen Umständen ein sehr massereiches Objekt zu einer Singularität kollabieren muss – praktisch unter dem eigenen Gewicht. In diesem Fall ist das Ergebnis ein Schwarzes Loch, dessen Entstehung aus relativistischer Sicht wir aus den bahnbrechenden Arbeiten von Karl Schwarzschild kennen, der Einsteins Feldgleichungen als Erster gelöst und dabei entdeckt hat, was wir heute den Schwarzschildradius eines Sterns nennen. Wenn ein Stern (ab einer bestimmten Masse) diesen Radius unterschreitet, stürzt er in einen Punkt zusammen. Der Schwarzschildradius ist der *Point of no Return*, der Punkt ohne Wiederkehr – jedes Objekt, jeder Lichtstrahl, der in ein Schwarzes Loch fällt und den unsichtbaren Schwarzschildradius überschreitet, ist auf immer verloren. Penrose bewies, dass sich im Innersten eines Schwarzen Lochs ein Gebilde befinden muss, das sich von allen anderen Raumbereichen grundlegend unterscheidet. Hier ist die Krümmung unendlich, und die Zeit hört auf zu existieren.

Nach Penroses kluger These erreicht der Gravitationskollaps des Sterns ein Tempo, das jedes Entkommen unmöglich macht. Mathematisch ausgedrückt, entwickelt sich im Stern eine «*gefangene Fläche*»; wenn sich der beschleunigende Kollaps fortsetzt, kann ihn nichts aufhalten. Das Ergebnis ist eine Singularität: ein Punkt, an dem die Mathematik und Physik, so wie wir sie kennen, nicht mehr gültig sind. Selbst wenn der Stern in seiner Form von einer vollkommenen Symmetrie abweicht, ändert das nichts an dem Kollaps zur Singularität.[2] Die Zeit kommt übrigens, schon lange bevor die Singularität erreicht ist, am Schwarzschildradius zum Stillstand. Dies jedenfalls würde ein externer Beobachter wahrnehmen. Jemand, der in das Schwarze Loch fällt, wird auf jemanden, der den Vorgang von außen betrachtet, den Eindruck machen, als verlangsamte sich seine Bewegung immer weiter und käme bei Erreichen des Schwarzschildhorizonts ganz zum Erliegen. Dessen wird sich der arme Mensch, der in das Schwarze Loch stürzt, allerdings nicht bewusst sein.[3]

Das Problem der Singularität liegt darin, dass wir sie mit den uns bekannten mathematischen oder physikalischen Gesetzen nicht erfassen können. In der Mathematik ist eine Singularität ein Punkt, an dem ein pathologisches Ereignis stattfindet. Das Problem der Singularität lässt sich an einem einfachen Beispiel erläutern. Wenn Sie sich die *Funktion* einer Variablen denken – $y = f(x)$ –, dann kann diese Funktion wohldefiniert sein: glatt, stetig und mit einer wohldefinierten Ableitung (der *Steigung* der Funktion in einem Punkt). Nun vergegenwärtigen Sie sich aber eine Funktion wie etwa $y = 1/x$. Wenn $x = 1$ ist, ist $y = 1$; wenn $x = 2$

ist, ist $y = {}^1/_2$; wenn $x = {}^1/_2$, ist $y = 2$; wenn $x = -2$ ist, dann ist $y = -{}^1/_2$. Was aber geschieht, wenn $x = 0$ ist? Hier ist die Funktion nicht definiert. Wir haben soeben den Bereich des Vernünftigen, des Rationalen, des Gesunden verlassen. Ist der Wert *unendlich*? Genauso gut könnte er minus unendlich sein. Und selbst wenn er als unendlich definiert wäre, was wäre seine Steigung? Hier gibt es keine Ableitung mehr – obwohl sie in unmittelbarer Nachbarschaft des Punktes $x = 0$ sehr wohl existiert.

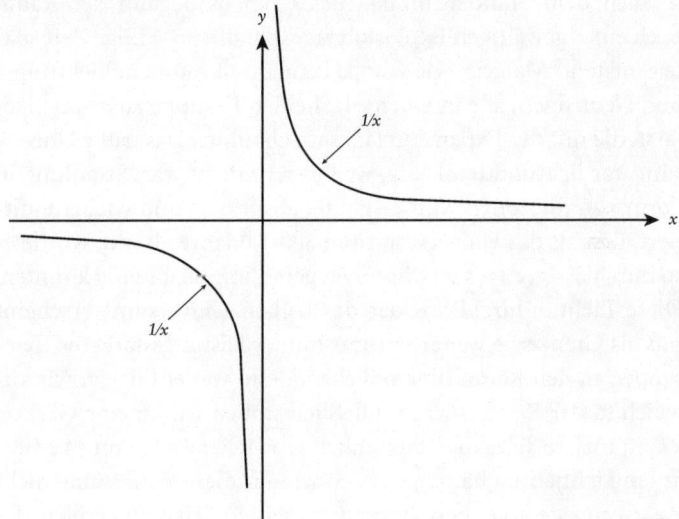

Im Innersten eines Schwarzen Lochs (und am Anfangspunkt des Universums) verlieren alle Gesetze ihre Gültigkeit, so wie die Funktion $y = {}^1/_x$ bei $x = 0$ nicht mehr definiert ist. Die Gravitation ist unendlich, die Krümmung der Raumzeit ist unendlich, und die Zeit findet ein Ende.

Penroses Gedankengang wurde umgekehrt – was unter den Bedingungen der allgemeinen Relativitätstheorie erlaubt ist –, sodass aus einem Kollaps eine Expansion wurde. Stellen Sie sich vor, man würde den Film des Gravitationskollapses rückwärts zeigen, dann sähen wir das Universum aus einem so genannten *Weißen Loch* entstehen – einer Raumzeitsingularität. Da Mathematik und Physik an der Singularität ihre Gültigkeit verlieren – und wir nicht wissen, was *vor* der Explosion war, mit der Raum und *Zeit* begannen –, beginnen alle Theorien über den Anfang des Universums in der Regel mit dem, was einen winzigen Sekundenbruchteil nach dem Urknall geschah. Hier gibt es zwei wichtige Ansätze.

Nach dem Standardmodell des Urknalls begann der Raum nach einer gewaltigen Explosion zu expandieren. Einige Zeit später entstand Materie, wie wir sie kennen – Protonen, Elektronen und Neutronen, alle in einer sehr heißen Ursuppe zusammengefasst, die mit der Expansion langsam abkühlte. Das frühe Universum war lichtundurchlässig, weil es sehr dicht war: Strahlung in Form von Photonen wurde ständig absorbiert und wieder emittiert. Erst als das Universum rund 300 000 Jahre alt war, wurde es so durchlässig, dass sich Photonen geradlinig ausbreiten konnten. Diese Lichtundurchlässigkeit des frühen Universums erscheint uns als Grenze: Je weiter wir mit immer leistungsstärkeren Teleskopen in den Raum hineinblicken, desto weiter blicken wir zugleich in der *Zeit* zurück. Schließlich stoßen wir an eine Grenze. Wenn unsere Teleskope tatsächlich eine Reichweite von 14 Milliarden Lichtjahren hätten, würden wir auf diese Entfernung nicht das Geringste erkennen. Nach den meisten Schätzungen hat das Universum ein Alter von 12 bis 14 Milliarden Jahren, sodass 14 Milliarden Jahre sehr nahe am Urknall wären – näher als 300 000 Jahre. Doch im Alter von 300 000 Jahren war das Universum lichtundurchlässig – daher können wir ab dieser Entfernung nichts mehr sehen.

Etwa eine Milliarde Jahre nach dem Urknall begannen sich die ersten Sterne und Galaxien zu bilden. Im Laufe der Zeit entstanden Galaxienhaufen und -superhaufen. Das Universum setzte seine Expansion fort und erreichte schließlich seine gegenwärtige Größe.

Alan Guth
Donna Coveney/MIT

Die *Theorie des inflationären Universums* ist eine Alternative zum Standardmodell des Urknalls, sie liefert eine andere Erklärung für die Entwicklung des Universums. 1979 erarbeitete Alan Guth, Weisskopf-Professor für Physik am MIT, dieses leistungsfähige Erklärungsmodell. Alan Guth wurde 1947 in New Brunswick, N. J., geboren. 1969 machte er seinen Magister am MIT, wo er 1972 auch promovierte. Er ging als Physikdozent an die Princeton University und nahm einen Forschungsauftrag an der Columbia University an. Dann arbeitete Guth als Postdoc an der Cornell University auf dem Gebiet der Teilchenphysik. Im Herbst 1979 ließ er sich von Cornell ein Jahr lang für einen Aufenthalt am Stanford Linear Accelerator Center beurlauben. Dort hatte er im Dezember einen brillanten Einfall. Er entwickelte eine Theorie, die zu erklären versucht, was im ersten Sekundenbruchteil nach dem Urknall geschah, und zwar in einer Weise, die Lösungen für zwei große Rätsel der Kosmologie bot: das Flachheitsproblem und das Horizontproblem.

Auf das Flachheitsproblem stoßen wir, wenn wir uns bestimmte Eigenschaften unseres Universums anschauen. Kosmologische Beobachtungen deuten darauf hin, dass unser Universums flach ist – der Raum, der uns umgibt, weist die herkömmliche euklidische Geometrie auf. In den auf Einsteins Theorie basierenden kosmologischen Modellen ist diese Eigenschaft damit verknüpft, dass die Dichte des Universums gerade der so genannten kritischen Dichte entspricht – Universen, deren Dichte kleiner oder gleich dieser Dichte ist, expandieren auf ewig; solche, deren Dichte größer ist, stürzen nach einiger Zeit wieder in sich zusammen.

Die Beobachtungen zeigten Guth und seinen Vorgängern, dass die Dichte unseres Universums nahe an der kritischen Dichte lag (wobei «nahe» irgendeinen Wert zwischen einem nicht allzu kleinen Bruchteil der kritischen Dichte und dem doppelten Wert bedeutete). Verfolgt man die Evolution der Dichte des Universums in der Zeit zurück, so zeigt sich aber, dass sich ein solch ungefährer Wert nur ergeben kann, wenn sich die Dichte des Universums eine Sekunde nach dem Urknall und die für jenen Zeitpunkt errechenbare kritische Dichte mit ungeheurer Genauigkeit – nämlich bis auf fünfzehn Dezimalstellen – entsprachen. Aber woher kam diese Übereinstimmung – warum hatte die Dichte des Universums nicht irgendeinen anderen der möglichen Werte angenommen? Die Standardtheorien der Kosmologie lieferten keine Erklärung dafür.

Eine zweite Schwierigkeit des Standardmodells ist das Horizontproblem. Der Horizont ist, wie auf der Erde, der Punkt, über den wir nicht hinaussehen können. Im Kontext der Relativitätstheorie befindet sich ein Lichtsignal jenseits unseres Horizonts, wenn es von einem Ort ausgesandt wird, der so weit entfernt ist, dass das Licht keine Zeit gehabt hätte, ihn zu erreichen.

Im April 1998 berichteten Esther Hu und ihre Kollegen von der University of Hawaii, sie hätten mit Hilfe des größten Teleskops der Welt, einem der Zehn-Meter-Keck-Teleskope, die bislang am weitesten entfernte Galaxie gesichtet. Die lichtschwache Galaxie

Esther Hu

hat einen Erdabstand von rund 13 Milliarden Lichtjahren. Das Universum ist ungefähr 14 Milliarden Lichtjahre alt. Stellen Sie sich nun vor, Hu (oder ein anderer Astronom) würde in die entgegengesetzte Richtung des Himmels blicken und eine andere Galaxie in einer Entfernung von rund 13 Milliarden Lichtjahren von uns erblicken. Ohne Frage sind beide Galaxien füreinander *jenseits des Horizonts*. Warum? Weil das Universum 14 Milliarden Jahre alt ist und weil das Licht, um von einer zur anderen zu gelangen, 13 + 13 = 26 Milliarden Jahre bräuchte, fast doppelt so lange, wie das Universum alt ist.[4] Es gibt keine Möglichkeit für das Licht, dorthin zu gelangen. Hinzu kommt, dass sich diese beiden Galaxien infolge der Expansion des Universums mit Geschwindigkeiten nahe der des Lichts voneinander entfernen, sodass das Licht auf der Reise von einer Galaxie zur anderen ewig unterwegs wäre.

Das Horizontproblem ergab sich aus Untersuchungen der kosmischen Hintergrundstrahlung. Wie kann diese Strahlung so homogen sein (bis auf 1 Hunderttausendstel genau)? Zwar ist es richtig, dass das Universum in jenen frühen Zeitabschnitten, die für die Entstehung der Hintergrundstrahlung entscheidend sind, wesentlich kleiner war als heutzutage, sodass die verschiedenen Raumbereiche wesentlich näher beieinander lagen. Doch es zeigt sich, dass dieser Effekt in der Standardkosmologie nicht ausreicht, um die Homogenität zu erklären.

Als Lösung schlug Guth die Inflationstheorie vor, nach der das Universum in den ersten Sekundenbruchteilen seiner Existenz mit einer ungeheuren exponentiell anwachsenden Geschwindigkeit expandierte. In dieser Theorie ging Guth von einem den Teilchenphysikern wohl bekannten Mechanismus aus, durch den eine ungewöhnliche Form von Materie im frühen Universum möglicherweise eine Gravitationsabstoßung hervorgerufen hat, die die treibende Kraft der Expansion war. Analysiert man diese extrem beschleunigte Expansion, so zeigt sich, dass dank ihrer die verschiedenen Regionen des frühen Universums im entscheidenden Zeitraum nahe genug beieinander lagen und genügend Möglichkeiten hatten, miteinander in Kontakt zu treten und ein Gleichgewicht zu erreichen, das die Homogenität der Hintergrundstrahlung zu erklären vermag. Gleichzeitig vermutet man, dass diese die Expansion vorantreibende Kraft das Universum auch in den Bereich der kritischen Dichte gebracht hätte.

Die Inflation hat noch viele andere Aspekte. Eine kosmologische Konstante in Einsteins Gleichungen lässt die Inflationstheorie glaubhafter erscheinen. Vielleicht erschien den Kosmologen, die zusammengekommen waren, um die beschleunigte Expansion zu erörtern, die kosmologische Konstante so attraktiv, weil sie die Flachheitshypothese und mit ihr die Inflationstheorie vor Schaden bewahren wollten.

Die Idee eines inflationären Universums kam Alan Guth durch seine Beschäftigung mit den magnetischen Monopolen – Teilchen mit nur einem magnetischen Pol und nicht zwei Polen wie ein Magnet, die es nach einigen Theorien im Universum geben soll, von denen aber noch keine Spur entdeckt worden ist. Bei dieser Arbeit orientierte er sich an der Theorie des Higgs-Feldes, einem theoretischen Werkzeug der Teilchenphysik. Higgs-Felder sind in der Praxis noch nie entdeckt worden, doch viele Wissenschaftler glauben, sie seien für die Symmetriebrechung in der Natur verantwortlich. In seiner Theorie des inflationären Universums geht Guth davon aus, dass unser Universum Teil eines größeren Superuniversums ist und dass es sich infolge einer Vakuuminflation in diesem größeren Universum entwickelt hat. Guth hat auch die Existenz weiterer «Baby-Universen» nicht ausgeschlossen, die an anderen Stellen des Mutteruniversums entstanden sein könnten. Sogar die These, dass eine hoch entwickelte Zivilisation in der Lage sein könnte, ein solches Baby-Universum im Labor zu erzeugen, hat er vorgebracht.

Woher wissen wir, dass es den Urknall wirklich gegeben hat? Wenn die Galaxien auseinander driften, dann müssen sie sich in der Vergangenheit näher beieinander befunden haben. Denken wir dieses Prinzip in der Zeit zu Ende, gelangen wir an einen Punkt, in dem sich alles zusammengeballt haben muss. Aber woher wissen wir, dass das wirklich geschehen ist? Wenn das Universum mit einem Urknall begonnen und unmittelbar danach seine Expansion aufgenommen hat, um sie bis in unsere Zeit fortzusetzen, dann muss das Universum damals extrem heiß gewesen sein und sich im Zuge der Expansion ständig abgekühlt haben. In den fünfziger Jahren des 20. Jahrhunderts äußerten die theoretischen Physiker George Gamow, Ralph Alpher und Robert Herman die Hypothese, dass eine aufschlussreiche Strahlung als Überbleibsel der sehr frühen, heißen Phasen des Universums noch immer im Universum zugegen sein müsste. Diese Strahlung sollte sich seit der Frühzeit des Universums weiter und weiter abgekühlt haben und sollte heutzutage als Strahlung mit einer bestimmten Temperatur nachweisbar sein.

In den sechziger Jahren gelangten Robert H. Dicke und James E. Peebles von der Princeton University zu einer ähnlichen Vorhersage und berechneten die Energie dieser Strahlung, der *Schwarzkörperstrahlung* infolge des Urknalls. Schwarzkörperstrahlung wird von allen Körpern emittiert, deren Temperatur über dem absoluten Nullpunkt liegt. Jedes Objekt emittiert ein wenig Strahlung, die entdeckt werden kann. Das beste Beispiel ist die infrarote Strahlung, die warme Körper abgeben. Doch selbst kältere Körper emittieren Strahlung, eben nur auf niedrigeren Energieniveaus.

Als die Photonen sich aus der Ursuppe befreien konnten, das heißt, als das Universum im Alter von rund 300 000 Jahren lichtdurchlässig wurde, begannen sie, sich geradlinig auszubreiten. Seither haben sie ihre Reise unablässig fortgesetzt. Durch den Doppler-Effekt haben diese Photonen ständig Energie verloren. Ihr gegenwärtiges Energieniveau, und damit ihre Wellenlänge, lässt sich theoretisch berechnen.

1965 entdeckten zwei Radioastronomen von den Bell Laboratories genau das, was die Theoretiker vorhergesagt hatten – allerdings ohne etwas von der Vorhersage zu wissen. Die beiden Wissenschaftler, Arno Penzias und Robert Wilson, erhielten später den Nobelpreis für die Entdeckung kosmischer Mikrowellenhintergrundstrahlung. 1989 wurde der Cosmic Background Explorer Satellite (COBE) von der NASA in die Erdumlaufbahn gebracht, um genauere Messungen der Strahlung zu erhalten. Die Daten über Strahlung aus allen Raumrichtungen waren bemerkenswert gleichförmig und entsprachen einer Temperatur 2,7 Grad über dem absoluten Nullpunkt (2,7 Kelvin). Diese Entdeckung gilt zusammen mit dem Hubble-Gesetz als das wichtigste astronomische Ergebnis überhaupt und belegt die Urknalltheorie. Die Gleichförmigkeit der Strahlung wird als Bekräftigung für die Theorie des inflationären Universums gewertet. Sterne, Galaxien und Galaxienhaufen haben sich nach Meinung der Forscher aus kleinen Unregelmäßigkeiten in der Energieverteilung des frühen Universums gebildet.

Ein anderes Indiz für die Urknalltheorie ist die relative Häufigkeit der chemischen Elemente im Universum. Wissenschaftler haben ausgerechnet, in welchem Verhältnis die Elemente vorkommen müssten, wenn die Urknalltheorie richtig wäre. Nach den in den frühen Phasen unseres Universums vorhandenen Energien sollte unser Universum aus rund 75 Prozent Wasserstoff und 25 Prozent Helium bestehen. Die Elemente, die es außer diesen beiden (und den Isotopen Deuterium, Helium-3 und Lithium-7) gibt, dürften nur für für winzige Bruchteile aller im Universum vorhandenen Verbindungen verantwortlich sein. Diese schwereren Elemente – die alles in unserer Umgebung und uns selbst zusammensetzen (obwohl auch Wasserstoff ein Hauptbestandteil unseres Körpers ist) – sind danach später, durch Kernreaktionen im Inneren der Sterne, entstanden. Alle Untersuchungen über die relative Häufigkeit der Elemente haben diese Hypothese bestätigt. Die Ergebnisse der Untersuchungen sind ein überzeugender Beleg für die Richtigkeit der Urknalltheorie.

Mit dem Urknall begann also die Expansion des Universums. Egal, ob die Explosion zunächst exponentiellen Charakter hatte, wie die Inflationstheorie behauptet, oder nicht, die Frage lautet: Wie war die kosmische Expansion beschaffen? Die beste Analogie für die Expansion des Universums ist nachzulesen in dem Buch *Origins: The Lives and Worlds of Modern Cosmologists*.[5] Nehmen Sie ein Gummiband und versehen Sie es alle halbe Zentimeter mit Filzstiftmarkierungen. Jeder Strich auf dem Gummiband steht für eine Galaxie im Weltraum. Ziehen Sie nun das Gummiband langsam auseinander. Sie sehen, dass die Punkte dabei voneinander abrücken. Der Abstand zwischen jeweils zwei benachbarten Punkten auf dem Gummiband (Galaxien im Raum) nimmt zu. Zwei benachbarte Punkte sind jetzt mehr als einen halben Zentimeter voneinander entfernt. Doch was geschieht mit nicht benachbarten Punkten? Die Entfernung zwischen solchen Punkten wächst rascher an als zwischen direkt benachbarten. Wenn Sie das Gummiband so weit dehnen, dass zwei Punkte, die ursprünglich einen Abstand von einem halben Zentimeter aufwiesen, jetzt einen ganzen Zentimeter voneinander entfernt sind, dann weisen zwei Punkte, die anfangs einen Zentimeter auseinander lagen, jetzt einen Abstand von zwei Zentimetern auf. Genau dies geschieht bei der kosmischen Expansion.

Im Zuge der Expansion des Raums bewegen sich relativ nahe Galaxien mit geringerer Geschwindigkeit voneinander fort als Galaxien, die weiter entfernt sind. Die Geschwindigkeit, mit der zwei Galaxien auseinander driften, ist *proportional* zu ihrem Abstand. Das ist gerade das Hubble-Gesetz.

Beachten Sie noch eine andere sehr wichtige Eigenschaft. Wenn Sie das Gummiband dehnen, entfernt sich jeder Punkt von seinen Nachbarn auf genau die gleiche Weise. Es gibt, wenn wir die Expansion betrachten, keinen bevorzugten Ort auf dem Gummiband: Jeder Punkt lässt sich als der Mittelpunkt einer Expansion betrachten, durch die sich alle anderen Punkte von ihm entfernen. Das Universum hat keinen erkennbaren Mittelpunkt, keinen Rand. Zwar sehen wir, dass sich jede Galaxie von *uns* entfernt, doch von jeder anderen Galaxie bietet sich genau das gleiche Bild – die gleiche Illusion, sich im Mittelpunkt der Expansion zu befinden.

Wodurch wird die Expansion verursacht? Raum wird geschaffen oder gestreckt. Die allgemeine Relativitätstheorie beschreibt einen Raum, der plastisch ist. Er ist ein flexibles Medium, dessen Geometrie sich in Anwesenheit von Masse verändert. Der Raum ist keine Leere, kein Nichts, wie man vielleicht glauben könnte. Er expandiert fortwährend wie ein aufgehender Kuchenteig. Die Galaxie, die Esther Hu und ihre Kollegen entdeckt haben, entfernt sich von uns mit 95,6 Prozent der Lichtgeschwindigkeit. Das ist bei allen – von der Erde aus gesehen – ebenso weit entfernten Galaxien der Fall. Galaxien, die sieben Milliarden Lichtjahre von uns entfernt sind, scheinen mit ungefähr der halben Lichtgeschwindigkeit von uns fortzudriften. Wenn wir Galaxien betrachten, die uns näher sind, so ist ihre Fluchtgeschwindigkeit – relativ zu uns – langsamer.

Evolution des Universums
© *Shigemi Numazawa*

Um dieses unheimliche, erwartungswidrige Phänomen zu verstehen, nimmt man am besten an, das Universum sei unendlich. Wenn das Universum unendlich ist, dann ist jeder Punkt sein Mittelpunkt. Dann kann ein Beobachter an jedem Punkt das gleiche Bild sehen: Nähere Galaxien entfernen sich mit relativ geringen Geschwindigkeiten, während Galaxien, die einen größeren Abstand von dem Beobachter aufweisen, mit Geschwindigkeiten davondriften, die ihrer Entfernung entsprechen. In dem kosmischen Rosinenkuchen «sieht» jede Rosine jede andere Rosine mit einer Geschwindigkeit davoneilen, die zu ihrer Entfernung proportional ist. Das ist die *gleichförmige* Expansion jenes Mediums, das wir uns als leeren Raum vorstellen.

Die jüngsten Beobachtungen weit entfernter Supernovae lassen darauf schließen, dass der Raum nicht nur expandiert, sondern dass er seine Expansion sogar beschleunigt. Irgendetwas muss den

Raum nach außen drängen. Was könnte das sein? Nach der Quantenphysik ist der Raum, das «Vakuum», keineswegs ein Vakuum, sondern brodelt vor Energie. Ständig tauchen in dem Medium, das wir, wie gesagt, für leeeren Raum halten, virtuelle Teilchen auf und verschwinden wieder. Es gibt eine beträchtliche Energiemenge dort, wo wir vollkommene Leere vermuten, und wir wissen nicht, was es mit dieser Energie auf sich hat oder woher sie kommt. Das Vakuum ist wie eine zusammengezogene Sprungfeder, die auseinander drängt. Der Druck, den die unsichtbare, energiegeladene Feder ausübt, lässt den Raum expandieren, in dem sie verbogen ist. Dabei entspannt sich die Feder weit langsamer als die Expansion, die sie verursacht. So kommt es zur Beschleunigung der Expansion. Der Energieinhalt des Vakuums, die Kraft, die den Raum nach außen drängt, wird durch Einsteins kosmologische Konstante beschrieben.[6]

Kapitel 13
Die Beschaffenheit der Materie

Neutrinos, they are very small
They have no charge and have no mass
And do not interact at all
The earth is just a silly ball
To them, through which they simply pass
Like dust maids down a drafty hall
Or photons through a sheet of glass ...
John Updike, 1960

© 1993 John Updike
(mit freundlicher Genehmigung
der Alfred A. Knopf Inc.)[1]

Eine der wichtigsten Fragen, denen sich Forscher gegenübersehen, die die Natur des Universums ergründen wollen, betrifft die Beschaffenheit der Materie. Was ist Materie? Wird das Universum von herkömmlicher Materie beherrscht, oder gibt es andere Elemente, die die Entwicklung und die Eigenschaften des Universums entscheidend bestimmen? Im Kontext der allgemeinen Relativitätstheorie sind solche Fragen sehr wichtig, bestimmen die Antworten doch die Beschaffenheit des Energie-Impuls-Tensors $T_{\mu\nu}$. Materie verhält sich in den beiden wichtigen physikalischen Theorien des 20. Jahrhunderts, der allgemeinen Relativitätstheorie und der Quantentheorie, unterschiedlich. Die allgemeine Relativitätstheorie bestimmt das Verhalten der Materie im kosmischen Maßstab (sowie die Eigenschaften des Raums und der Zeit), während die Quantentheorie die Eigenschaft der Materie auf kleinen Größenskalen beschreibt. Erstere ist eine vollkommen deterministische Theorie, Letztere hat im Kern probabilistischen Charakter: Antworten auf Fragen über Geschehnisse in der Quantenwelt sind nicht eindeutig, sondern haben die Form von Wahrscheinlichkeits-verteilungen. Die systematische experimentelle Erkundung der Mikrowelt, die mit der Entwicklung der Quantentheorie ein-herging, hat zu vielen neuen Erkenntnissen über den Aufbau der Materie geführt, so zur Entdeckung zuvor unbekannter Materie-teilchen. Als die Quantentheorie Anfang des 20. Jahrhunderts ent-wickelt wurde, kannten die Physiker nur Neutronen, Protonen und Elektronen. Dann wurde eine besondere Art des radioaktiven Zer-falls entdeckt, bei dem ein Neutron ein Elektron und ein Proton emittiert. Durch einen Vergleich der relativen Energiemengen, die in dem System vor und nach dieser Reaktion vorhanden sind, ge-langte Wolfgang Pauli 1930 zu der Hypothese, es müsse in dem Pro-zess noch ein unbekanntes Teilchen freigesetzt werden. Ein Jahr später gab der italoamerikanische Physiker Enrico Fermi diesem Teilchen den Namen «Neutrino» («kleines neutrales Teilchen» auf Italienisch). Man nahm an, das Neutrino trage beim radioaktiven Zerfall genau die fehlende Energiemenge davon.

Neutrinos tragen keine elektrische Ladung, und bis zum Juni 1998 glaubte man, sie besäßen keine Masse. Jedenfalls hatte man nie eine Neutrinomasse gemessen. 1956 gelang es Fred Reines und Clyde Cowan, Neutrinos in einem Kernreaktor am Savannah River erstmals direkt nachzuweisen. 1995, nach Cowans Tod, er-hielt Reines den Nobelpreis für die Entdeckung des Teilchens, des-sen Existenz ein Vierteljahrhundert früher vorhergesagt worden war. Damit hatte man ein Teilchen, dessen Existenz von Wissen-schaftlern postuliert worden war, um eine Energie zu erklären, die rätselhafterweise im tatsächlich beobachteten Ergebnis einer Kernreaktion fehlte. Die Geschichte des Neutrinos zeigt, wie Theorie und Mathematik zur Erweiterung unseres empirischen Wissens herangezogen werden und dass sich das Vertrauen, das gute Theoretiker in ihre Theorien setzen, in den Ergebnissen künftiger Experimente auszahlen kann. Doch die Geschichte der Neutrinos war erst der Anfang.

Ende der dreißiger Jahre begann man, die Mechanismen der

Kernfusion genauer zu verstehen, und gewann die Überzeugung, dass Kernreaktionen dieser Art für die Energie der Sterne verantwortlich sein müssen. Wenn das Feuer im Inneren von Sternen durch Kernfusionen gespeist wird, die ungeheure Energiemengen freisetzen, dann sollten von diesen Sternen, also auch von unserer Sonne, Neutrinos emittiert werden. Die Wissenschaftler meinten, dass die winzigen Teilchen, ohne Ladung und ohne Masse oder fast ohne Masse, ständig von der Sonne zur Erde strömen, doch aufgrund ihrer unvorstellbar geringen Größe die Erde durchqueren würden, als gäbe es sie gar nicht. Wie konnte man diese von der Sonne kommenden Teilchen entdecken?

Die einzige Möglichkeit, die man sah, war die Errichtung riesiger Tanks mit verschiedenen Flüssigkeiten, tief unter der Erde, etwa auf dem tiefsten Grund von Bergwerken, wo sie vor anderen Strahlungsquellen geschützt waren, und auf die sehr seltenen Wechselwirkungen der Neutrinos mit den Molekülen des Wassers oder der anderen Flüssigkeiten in den Tanks zu warten. Diese Experimente wurden an vielen Orten der Erde durchgeführt. 1965 entdeckten Fred Reines und seine Kollegen in einer Goldmine in Südafrika die ersten Neutrinos, die aus einer außerirdischen Quelle stammten. In der Zwischenzeit wurde ein Neutrino anderer Art, das Myonneutrino, als Nebenprodukt einer Kernreaktion entdeckt, die am Brookhaven National Laboratory durchgeführt wurde. Durch die Entdeckung des Tauleptons, des zweiten schweren Verwandten des Elektrons, im Stanford Linear Accelerator wurde die Existenz noch eines weiteren Neutrinotyps nahe gelegt. Bei mehreren Experimenten in Salzminen wurden stets Neutrinozahlen entdeckt, die weit hinter der von der Theorie vorhergesagten Zahl zurückblieben. Die Fachleute waren ratlos.

Doch auch hier ging die Theorie den Experimentalergebnissen voran. Ende der fünfziger Jahre wurden physikalische Theorien entwickelt, nach denen das Neutrino möglicherweise eine verblüffende Eigenschaft besaß. Man nahm an, es könne seine Eigenschaften verändern, ein Phänomen, das die Physiker Neutrino-

Oszillation nennen. So kann sich ein Elektronneutrino in ein Myonneutrino oder ein Tauneutrino verwandeln (sie alle nach dem schwereren Teilchen – Elektron, Myon, Tau – benannt, mit dem die jeweilige Neutrinoart assoziiert ist). Dabei sind manche Arten leichter zu entdecken als andere. Daher gelangten die Forscher zu dem Schluss, einige der Neutrinos, die von der Sonne kämen, könnten ihren Typ wechseln und auf diese Weise der Entdeckung entgehen.

In den achtziger Jahren wurden riesige Detektorbehälter konstruiert: in den Vereinigten Staaten das Irvine-Michigan-Brookhaven-Projekt in einem Bergwerk in Ohio und der Super-Kamiokande in einem Zinkbergwerk fünfzig Kilometer nördlich von Takayama im japanischen Gebirge. In letzterem Fall handelte es sich um einen gigantischen Behälter mit knapp 60 Millionen Litern extrem reinem Wasser, umgeben von leistungsfähigen Lichtdetektoren, die die Aufgabe hatten, einzelne Emissionen von Lichtstrahlen zu entdecken, die aus dem Zusammenstoß eines Neutrinos mit einem Wassermolekül im Tank resultierten. 1987 entdeckte man in beiden Projekten Neutrinos, die aus einer Supernovaexplosion in der Großen Magellan'schen Wolke stammten – ein Ereignis, das auf der südlichen Erdhalbkugel beobachtet worden war. Die Neutrinos hatten die *Erde durchquert*, bevor sie in die Detektoren gelangt waren. Das waren die ersten Neutrinos, die erwiesenermaßen aus Regionen außerhalb unseres Sonnensystems stammten, und ihre Entdeckung läutete den Beginn der Neutrinoastronomie ein.

Am 5. Juni 1998 wurde auf einer Pressekonferenz in Takayama eine erstaunliche Erklärung abgegeben. Das amerikanisch-japanische Team von 120 Physikern, das am Super-Kamiokande arbeitete, war in der Lage, experimentell nachzuweisen, dass das scheue Neutrino Masse hat. Die Entdeckung hat weitreichende Konsequenzen – sie kann sich auf unser Verständnis in mehr als einer Hinsicht auswirken: die Beschaffenheit der Materie, die Entstehung des Universums und das Schicksal des Universums. Das japanisch-amerikanische Team gelangte zu der Überzeugung, dass Neutrinos Masse besitzen, weil es experimentell entdeckte, dass Neutrinos tatsächlich die «Flavors» wechseln – vom Myon- zum Tautyp. Nach der Quantentheorie kann so etwas nur bei Teilchen mit Masse geschehen. Die tatsächliche Masse des Neutrinos ließ sich nicht feststellen. Doch der Umstand, dass das Neutrino Masse hat, bedeutet, dass man damit einen Teil der «fehlenden Masse» des Universums gefunden hat. Was ist die «fehlende Masse»?

Sterne ballen sich zu Galaxien zusammen. Eine Galaxie hält ihre Sterne durch die Gravitationsanziehung der in ihr vorkommenden Sternenmassen zusammen. Je tiefer wir ins All blicken, desto deutlicher erkennen wir, dass die Galaxien nicht zufällig angeordnet sind, wie man meinen könnte, sondern dass ihre Verteilung eine gewisse Struktur aufweist. Benoit Mandelbrot, vom IBM Research Center und der Yale University, hat vor einigen Jahren gezeigt, dass diese Struktur einem Fraktal ähnelt – einem kompliziert angeordneten Gebilde, das eindeutig nichtzufälligen Charakter hat, selbst wenn es lokal betrachtet so aussieht. Galaxien schließen sich zu Galaxienhaufen zusammen, die ihrerseits zu Superhaufen angeordnet sind – und so fort, in immer größerem Maßstab. Zwischen den Haufen sind große Blasen aus leerem Raum, Lücken in der Größenordnung von Millionen Lichtjahren.

In den dreißiger Jahren begann den Astronomen diese Klumpenbildung des Universums aufzufallen – der Umstand, dass Galaxien zu Haufen angeordnet sind. Im Laufe der Jahre wurden immer mehr Informationen über die Materieverteilung in immer größeren Abschnitten des Kosmos gesammelt. 1986 stellten Margaret Geller, John Huchra und Valerie de Lapparent vom Harvard-Smithsonian Center for Astrophysics eine Karte zusammen, die 6000 Galaxien in einer Scheibe vom Himmel der nördlichen Hemisphäre zeigte. Mittelpunkt der Karte, der Scheitelpunkt des «Tortenstücks», ist die Erde; die Entfernung der Galaxien am äußeren Rand des Tortenstücks beträgt 650 Millionen Lichtjahre.

Dass die Struktur nicht gleichförmig ist, zeigt ein Blick auf die Karte, und es wird auch erkennbar, dass es sich hier möglicherweise um eine fraktale Erscheinungsform handelt. Wie ist diese Struktur entstanden?

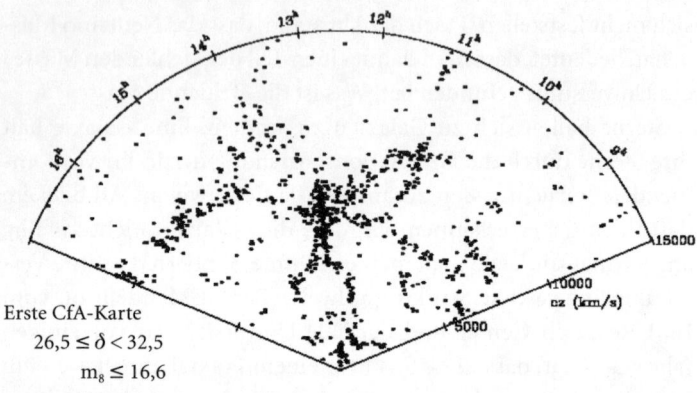

Erste CfA-Karte
$26,5 \leq \delta < 32,5$
$m_8 \leq 16,6$

© John Huchra, Margaret Geller

Man nimmt an, dass Quantenfluktuationen in den ersten Augenblicken des Universums Materieblasen gebildet haben, die dann größer wurden, als das Universum expandierte. Die gravitationsbedingte gegenseitige Anziehung der Materie im Universum ist möglicherweise für die Bildung der Galaxienhaufen und -mauern verantwortlich, die wir heute beobachten. Doch als man versuchte, die Gravitationseffekte innerhalb der Galaxien zu erklären – die Kräfte, die Galaxien zusammenhalten –, stieß man auf einen rätselhaften Widerspruch.

In jeder Galaxie, die die Astrophysiker untersuchten, gab es weit weniger Masse, die sichtbarer Materie (Sternen, Gas oder Staub) zugeschrieben werden konnte, als nach den Berechnungen hätte vorhanden sein müssen, damit die Galaxien durch Gravitation zusammengehalten werden konnten. Die Forscher konnten sich der Schlussfolgerung nicht entziehen, dass die Galaxien mit zusätzlicher Materie durchsetzt waren, die 90 Prozent aller Masse in einer Galaxie stellte. Diese geheimnisvolle, unsichtbare, dabei aber doch über ihre Gravitationswirkung indirekt nachweisbare Masse bezeichnet man als «dunkle Materie». Es muss sich um eine Materieform handeln, die der Wissenschaft unbekannt ist. Es ist keine baryonische Materie – Atome oder subatomare Teilchen –, sondern etwas, was man noch nie zu Gesicht bekommen hat. Die Beschaffenheit der dunklen Materie ist eines der größten astronomischen Rätsel.

Die Eigenschaften der Materie haben eine Schlüsselstellung für die Kosmologie. Wird unser Universum von herkömmlicher Materie bestimmt, oder ist etwas anderes als solche Materie wichtiger für die Entscheidung über die Vergangenheit und Zukunft des Universums? Das ist eine der wichtigsten Fragen, denen sich die Kosmologie gegenübersieht. Einige Kosmologen versuchen herauszufinden, was es mit der «fehlenden Materie» des Universums auf sich hat, nicht zu verwechseln mit der dunklen Materie, die sich durch ihre Auswirkung auf Galaxien indirekt beobachten lässt. Diese Kosmologen glauben, dass die «fehlende Materie» existieren muss, weil sie davon überzeugt sind, dass das Universum flach, das heißt euklidisch, ist. Das ist nur möglich, wenn es weit mehr Masse im Universum gibt, als wir aus den Gravitationsstudien von Galaxien ersehen oder errechnen können. Die Modelle mit flacher Geometrie der meisten inflationären und verwandten kosmologischen Theorien setzen voraus, dass es für das Universum eine kritische Massendichte gibt, bei der die Geometrie flach wird.

Theoretiker, die sich diese Anschauung zu Eigen gemacht haben, suchen nach der fehlenden Masse. Als man die Neutrinomasse entdeckte, weckte dieser Fund die Hoffnung, das Neutrino könnte der Schlüssel zur fehlenden Masse sein. Doch selbst wenn Neutrinos Masse haben – und obwohl es *sehr viele* von ihnen im Universum gibt –, dürfte die zusätzliche Masse, die sie dann stellen würden, bei weitem nicht ausreichen, um der erforderlichen fehlenden Masse zu entsprechen. Entweder gibt es noch riesige verborgene Massenvorkommen im Universum, oder seine Massendichte ist zu klein. Ist sie kleiner als die kritische Masse, dann wird das Universum laut der Vorhersagen ewig expandieren. Nur wenn die Massendichte über dem kritischen Wert liegt, kann das Universum infolge der Gravitation wieder in sich zusammenstürzen – ein Prozess, dessen Schlusspunkt jener Große Endkollaps ist, der möglicherweise zu einem neuen Urknall führt und in ein neues Universum mündet.

Die Frage nach der Massendichte des Universums, ob das Universum von der Masse oder einer anderen Eigenschaft bestimmt wird und ob fehlende Masse vorhanden ist – das alles ist einem wichtigen Konzept untergeordnet: der allgemeinen Geometrie des Universums. In seiner ursprünglichen Feldgleichung nahm Einstein an, das Universum werde von der Masse bestimmt. Doch mit der Einführung der kosmologischen Konstante öffnete er die Tür zu einer anderen Möglichkeit. Das neue Modell konnte die Wirkung von Masse und Gravitation berücksichtigen, aber auch einen anderen Effekt – eine unsichtbare Kraft, die der Gravitation entgegenwirkt, eine geheimnisvolle Energie der Leere. Einsteins Gleichungen beschäftigen sich immer nur mit dem Wesen des Raums, mit seiner Geometrie.

Kapitel 14
Die Geometrie des Universums

> «Gott betreibt stets Geometrie.»
> *Platon*

Jetzt kommen wir zu einer interessanten Frage: Wie sieht die übergreifende Geometrie des Universums aus? Wir wissen, dass der Raum lokal, in der Nähe eines Sterns oder eines anderen massereichen Objekts, gekrümmt ist. Der Raum krümmt sich *in der Umgebung* eines Objekts sphärisch, wie die Experimente während der Sonnenfinsternis gezeigt haben. Doch was ist mit der *übergreifenden* Form des Universums? Die Geometrie ist unmittelbar mit mathematischen Gleichungen verknüpft. Aus der Untersuchung der Einstein'schen Feldgleichung sollten wir eine Vorstellung von der Geometrie des Universums gewinnen können.

Die Geometrie des Universums entscheidet über das Schicksal, das ihm vorherbestimmt ist. Zumindest für ein sehr einfach strukturiertes Universum sagt uns die Mathematik, dass es genau drei mögliche Geometrien aufweisen kann. Das ist der Fall, wenn man davon ausgeht, der Raum des Universums sei nicht von Ort zu Ort verschieden stark gekrümmt, sondern seine Krümmung sei überall dieselbe. Solch eine *konstante* Krümmung kann von dreierlei Art sein – die verschiedenen Fälle werden dabei durch die Angabe einer Konstante k unterschieden, die die Werte $k = 0$, $k = +1$ und $k = -1$ annehmen kann.

Die erste Möglichkeit ist eine flache, euklidische Geometrie ohne jegliche Krümmung (in anderen Worten: mit Krümmung null). Diese Möglichkeit entspricht denn auch $k = 0$.

Räume mit konstanter Krümmung *ungleich null* lassen sich in zwei Kategorien unterteilen. Entweder ist die Krümmung positiv, was wir mit $k = +1$ bezeichnen, oder sie ist negativ, in welchem Fall wir $k = -1$ schreiben. Ein Raum mit Krümmung $k = +1$ ist «geschlossen». Im zweidimensionalen Fall wäre das eine Kugelfläche. Wenn eine Fläche die Krümmung $k = -1$ hat, ist sie «offen», und die Geometrie ist hyperbolisch, wie in dem Modell von Gauß, Bolyai und Lobatschewski. Die Fläche mit konstanter negativer Krümmung ist im zweidimensionalen Raum die Oberfläche einer *Pseudokugel*. Die drei zweidimensionalen Modelle mit konstanter Krümmung sind unten abgebildet.[1]

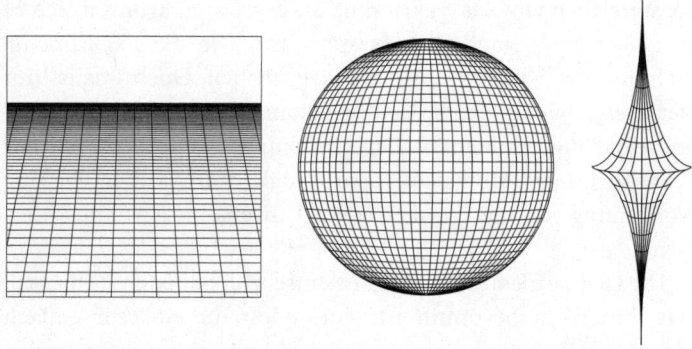

Betrachten wir die vier Dimensionen der Raumzeit oder verfolgen wir, was auf dasselbe hinausläuft, die Entwicklung eines dreidimensionalen Universums in der Zeit und verwenden wir dabei die drei möglichen Geometrien mit konstanter Krümmung. Wir werden jetzt sehen, warum die Worte «flach», «geschlossen» und «offen» von Kosmologen verwendet werden, um Typen möglicher Universen anhand ihrer Form zu unterscheiden. Zu diesem Zweck wenden wir uns Einsteins Feldgleichung zu, die die Geometrie des Universums beschreibt.

Einsteins Gleichung ohne die kosmologische Konstante lautet:

$$R_{\mu\nu} - {}^1\!/_2\, g_{\mu\nu} R = -\, 8\,\pi\, G\, T_{\mu\nu}$$

Doch bei Annahme eines homogenen, isotropen Universums mit konstanter Krümmung vereinfacht sich die obige Tensorgleichung (wir erinnern uns, dass die Größen $R_{\mu\nu}$, $g_{\mu\nu}$ und $T_{\mu\nu}$ Tensoren sind, d. h. für eine Vielzahl verschiedener Komponenten und nicht für einzelne Zahlen stehen) zu einer skalaren Differenzialgleichung, die folgende Form hat:

$$({}^{R'}\!/_R)^2 + {}^k\!/_R{}^2 = (8\,\pi\, {}^G\!/_3)\rho,$$

wobei ρ die Massendichte des Universums ist. Eine Differenzialgleichung setzt die Ableitung einer Variablen zu mehreren anderen Größen in Beziehung. Hier ist R ein Skalenfaktor, der die Abstandsverhältnisse im Universum bestimmt. Seine Ableitung R' misst die *Änderung dieser Abstandsverhältnisse mit der Zeit*. Die Gleichung, die eine Vereinfachung von Einsteins allgemeiner Feldgleichung für den Fall eines «einfachen Universums» darstellt – eines Universums, das überall und in jeder Richtung gleich aussieht –, ist also eine Differenzialgleichung für die Abstandsverhältnisse im Universum. Das Modell hier geht von einem massebestimmten Universum aus, d. h. einem Universum, in dem die Masse mehr als jede andere Energieform die beherrschende Kraft darstellt. Das erlaubt uns, Einsteins allgemeinen Energie-Impuls-Tensor durch eine skalare Größe zu ersetzen, die für die Masse steht.

Wenn die möglichen Werte von k (also 0, + 1 und − 1) in die obige Gleichung eingesetzt werden, erhalten wir als Ergebnis, dass die Massendichte entweder gleich, größer oder kleiner als $({}^{R'}\!/_R)^2\,(8\,\pi\, {}^G\!/_3)$ ist. Diese Größe ist sehr interessant und von entscheidender Bedeutung in kosmologischen Modellen. Erstens, R, der Skalenfaktor des Universums, misst den Krümmungsradius des Universums, wenn das Universum geschlossen ist und daher eine solche Krümmung besitzt. Die Größe $(R/_{R'})$, der Quotient aus der Ableitung des Skalenfaktors und dem Skalenfaktor selbst, ist gleich der Hubble-Konstante H und misst die Expansionsrate des Universums (d. h. die Expansionsgeschwindigkeit im Verhältnis zur Größe des Universums).

Die gesamte Größe $(R'/_R)^2 (8\pi\, {}^G/_3)$ ist die kritische Dichte des Universums. Wir sehen, dass wir die Krümmung $k = 0$, ein flaches Universum, haben müssen, wenn genau diese Dichte vorliegt, d. h., wenn ρ gleich dem obigen Ausdruck ist. Ist k größer als der Ausdruck, dann ist $k = +1$. In diesem Fall ist das Universum schwerer als die kritische Masse und wird daher in sich zusammenstürzen. Wenn ρ kleiner als diese kritische Dichte ist, haben wir eine hyperbolische Geometrie, da $k = -1$ ist. Dann ist nicht genügend Masse im Universum vorhanden, daher sind die Gravitationskräfte nicht groß genug, um das Universum zusammenzuziehen – es wird seine Expansion ewig fortsetzen, ebenso wie im Falle eines flachen Universums.[2]

Kosmologen haben einen speziellen Namen für den Quotienten der beiden Dichten, der tatsächlichen Massendichte des Universums zu einem gegebenen Zeitpunkt, ρ, und der kritischen Dichte, die durch den obigen Ausdruck wiedergegeben wird. Dieser Quotient heißt Ω (Omega).

Omega ist der Schlüssel zur Geometrie des Universums. Angenommen, es gibt keine kosmologische Konstante, dann gilt Folgendes: Wenn Omega gleich 1 ist, ist die Dichte gleich der kritischen Dichte, und das Universum ist flach – es wird sich ewig ausdehnen, aber seine Expansionsrate ständig verlangsamen.

Wenn $\Omega > 1$, ist die Massendichte des Universums größer als die *kritische* Dichte, bei der das Universum sich im Gleichgewicht befände, und es verlangsamt seine Expansion. In diesem Fall ist mehr Masse vorhanden, als notwendig wäre, um die Expansion nur zu verlangsamen, und das Universum wird seine Expansion irgendwann beenden und sich zum unvermeidlichen «Großen

Endkollaps» zusammenziehen, der alles verschlingen wird. Möglicherweise gibt es dann einen neuen Urknall, ja, einen ganzen Zyklus von Urknallen und Endkollapsen, die jeweils aus der Asche ihrer Vorgänger auferstehen.

Bei $\Omega < 1$ ist die Massendichte des Universums kleiner als die kritische Dichte. Es gibt nicht genügend Masse, um der Expansion Einhalt zu gebieten und einen Kollaps zu bewirken. Das Universum setzt seine Expansion ewig fort. Seine Geometrie ist hyperbolisch.

Bei einer kosmologischen Konstante ungleich null kann das Schicksal des Universums in jedem der obigen Fälle ganz anders aussehen, es richtet sich nach den Werten der beiden Parameter Ω und λ.

Die Geometrie des Universums hängt davon ab, wie sich das dreidimensionale Universum mit der Zeit entwickelt. Ein sphärisches Universum, das expandiert und dann wieder in sich zusam-

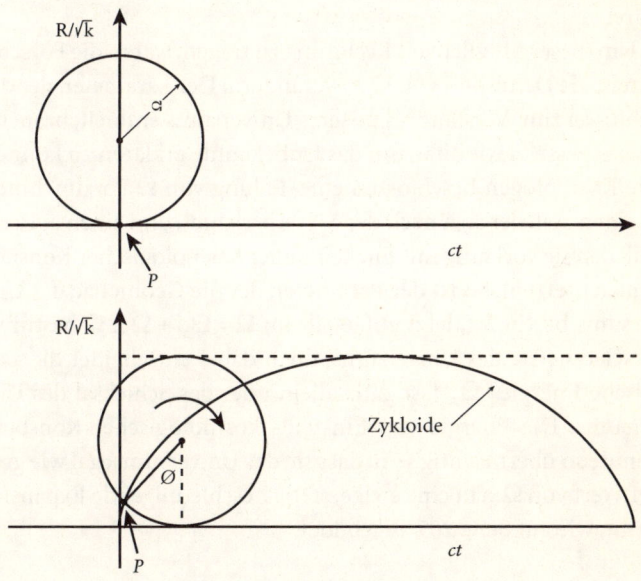

menstürzt – ein Universum, in dem $\Omega > 1$ ist –, wird eine Zykloide oder Radkurve beschreiben, wenn man es abhängig von der Zeit abbildet (dabei wird das Universum an jedem Punkt in der Zeit als Kreis dargestellt; wir verzichten auf die Wiedergabe einer räumlichen Dimension, um die Kurve zu Papier bringen zu können). Das Bild eines solchen Universums ist auf Seite 205 dargestellt.

Ein flaches Universum, das heißt eines, in dem $\Omega = 1$ ist, und ein hyperbolisches Universum mit $\Omega < 1$ expandieren bis in alle Ewigkeit, allerdings mit abnehmendem Tempo.

Doch was wäre, wenn es noch etwas anderes im Universum gäbe, was seine Expansion, seine Geometrie und sein Schicksal beeinflusst? Wenn im All eine «komische Energie» vorhanden wäre, etwas, was wir nicht sehen, fühlen oder entdecken können, was sich aber unmittelbar auf die Raumzeit auswirkt, sie dazu bringt, rascher zu expandieren, als es infolge der Materie und der durch sie hervorgerufenen Gravitationskraft alleine möglich wäre?

Um dieser Möglichkeit Rechnung zu tragen, waren die Forscher bereit, die Definition von Ω zu verändern. Der Parameter, der den Schlüssel zum Verständnis unseres Universums enthielt, brauchte eine gewisse Flexibilität, um das Unbekannte erklären zu können. Die Kosmologen beschlossen eine Teilung von Ω vorzunehmen: in einen Teil, der sich nach der Materie richtet, und einen anderen Teil, den sie vorläufig mit Einsteins alter kosmologischer Konstante gleichsetzten. So ist der Parameter, der die Geometrie des Universums bestimmt, jetzt aufgeteilt in: $\Omega = \Omega_M + \Omega_\Lambda$. Ω bestimmt die Geometrie des Universums, doch dabei entscheidet die «komische Energie» Ω_Λ fast ganz allein über das Schicksal des Universums. Die Energie von Einsteins kosmologischer Konstante könnte so übermächtig sein, dass sie das Universum, egal wie groß der Wert von Ω_M, in eine ewige, stetig beschleunigende Expansion treibt, wie auf Seite 207 abgebildet.

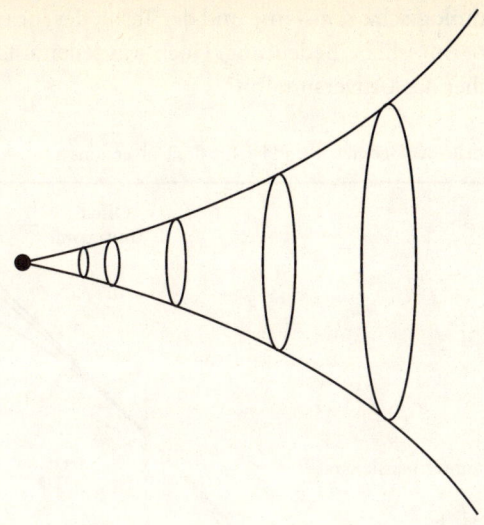

Die Hoffnung, die Geometrie und das Schicksal des Universums bestimmen zu können, war der Grund, warum Saul Perlmutter und seine Mitarbeiter 1988 das Supernova Cosmology Project ins Leben riefen. Sie wollten mit Hilfe von astronomischen Beobachtungen die Werte der Omega-Parameter ermitteln. Dazu untersuchten sie die Lichtkurven ihrer «Standardkerzen» – der Typ-Ia-Supernovae. Doch die Ergebnisse, die diese Gruppe äußerst einfallsreicher Astronomen erzielte, übertrafen alle Erwartungen. Nachdem sie jahrelang Daten zusammengetragen und komplizierte Berechnungen durchgeführt hatten, wurde ihnen klar, dass eine unbekannte Kraft von einer Größenordnung, die nie beobachtet oder für möglich gehalten worden war, im Universum wirkt. Der Wert von Ω_M war kleiner, als man erwartet hatte. Die explodierenden Sterne auf halbem Weg durch den Kosmos erzählten eine seltsame und phantastische Geschichte: Das Universum enthält nicht genügend Masse, um irgendeine der sich auf die Masse berufenden Theorien stützen zu können, und es gibt eine unsichtbare Kraft, die alles immer rascher auseinander treibt. Einsteins kosmologische Konstante und der Term, der ihr entspricht, Ω_Λ, hat unermessliche Bedeutung. Doch was teilen uns diese Ergebnisse über das Universum mit?

Die drei Modelle der Geometrie und Dichte des Universums

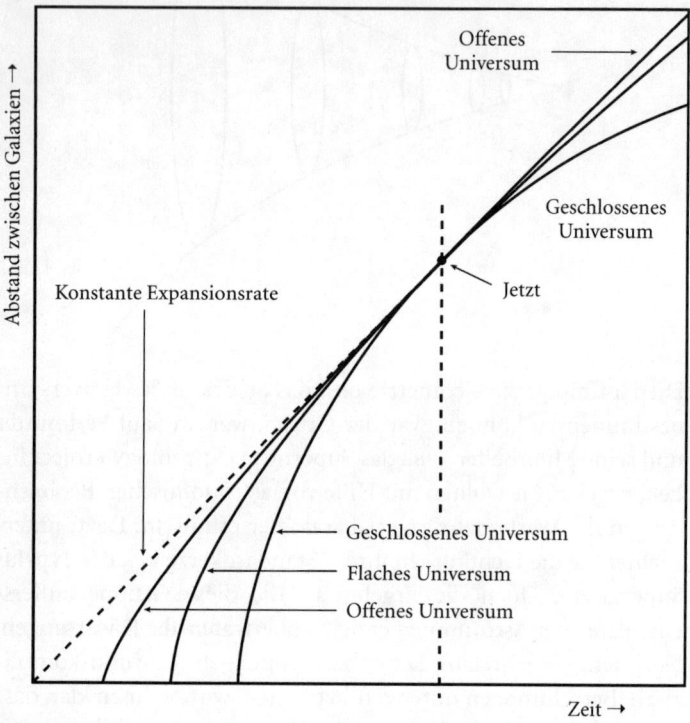

Kapitel 15
Batavia, Illinois, 4. Mai 1998

«Das Universum ist untergewichtig.»
Neta Bahcall

Paul Steinhardt, einer der Jüngsten aus der Generation von Physikern, die die neue Entwicklung der Kosmologie vorantrieben, wurde 1952 geboren und promovierte 1978 an der Harvard University in Physik, wandte sich aber schon bald der Kosmologie zu. Steinhardt wurde Professor an der University of Pennsylvania und studierte Guths Inflationsmodell. Im Gegensatz zu vielen anderen Forschern nahm Steinhardt die Inflation nicht als Tatsache hin, er wollte unvoreingenommen bleiben und offen sein für das, was ihm die Daten – astronomische Beobachtungen, Messungen kosmischer Strahlung und andere physikalische Informationen – mitzuteilen hatten. Schon bald bemerkte er, dass das interessante und vielversprechende Inflationsmodell einige theoretische Probleme aufwarf. In erster Linie war da vor allem die Frage, was für ein unbekannter Mechanismus die Inflation zum Stillstand bringt und die gemächlichere Expansion bewirkt, die wir gegenwärtig zu erleben meinen.

Mit dem Doktoranden Andy Albrecht gelang es Steinhardt, das Rätsel zu lösen, indem er Guths Inflationsmodell so abwandelte, dass sich die Expansion – und das Feld, das sie verursacht – moderater entwickelt, dabei aber trotzdem noch die Aufgabe der Inflationstheorie erfüllt, d. h. die physikalischen Phänomene erklärt. Im Unterschied zum früheren Modell kann die Inflation hier aber von der Natur zu einem bestimmten Zeitpunkt aufgehalten werden. Dann arbeitete er an einem neuen Modell, der «erweiterten Inflation», bei der ein weiteres Feld mit der Gravitation wechselwirkt. Nach dieser Theorie hatte das, was wir die Gravitationskonstante nennen, zu einem sehr frühen Zeitpunkt im Leben des Universums einen anderen Wert als heute. Der Term G in Einsteins Feldgleichung war also keine Konstante, als das Universum noch sehr jung war. In dieser frühen Phase – der Planck-Zeit, die die ersten 10^{-44} Sekunden nach dem Urknall umfasst – wurde das Geschehen von Quanteneffekten bestimmt. In diesem allerersten Lebensabschnitt des Universums entschied die Quantenmechanik – die Theorie des sehr Kleinen – darüber, was mit dem ganzen Universum geschah. Hier war Einsteins klassische Relativitätstheorie nicht anwendbar. Man brauchte eine neue Disziplin, die Quantenkosmologie, und Paul Steinhardt lieferte wichtige Beiträge zu dieser im Entstehen begriffenen Theorie.

1995 analysierte Steinhardt physikalische und astronomische Daten aus verschiedenen Quellen und fand, dass sie alle einen Schluss nahe legten: Die Expansionsbewegung des Universums schien sich zu beschleunigen. Das widersprach allen Erwartungen. Warum sollte sich das Universum so verhalten, wenn die Theorie der Gravitation, der einzigen Fernwirkungskraft im Universum, von der wir wissen, uns sagt, dass sich die Expansion, die mit dem Urknall begonnen hat, verlangsamen müsste, da Materie alle andere Materie anzieht?

Im September 1997 gelangte Paul Steinhardt aufgrund der kosmologischen Resultate zu dem Entschluss, eine Tagung für alle Wissenschaftler zu veranstalten, die in den für die Kosmologie relevanten Disziplinen tätig sind – Astronomen, Astrophysiker, Experimentalphysiker, Teilchenphysiker, «angewandte» Mathematiker und andere mehr –, um mit ihnen zu erörtern, was tatsächlich im Universum geschieht. Wie interpretierten die Vertreter der verschiedenen Fachgebiete die neuen Daten? Nach Steinhardts Auffassung war der beste Ort für eine solche Tagung das Fermi National Accelerator Laboratory (Fermilab) in Batavia, Illinois. Hier wurden viele wichtige Experimente durchgeführt, um die Beschaffenheit der Materie unter Bedingungen zu verstehen, die diejenigen des frühen Universums zu simulieren versuchten. Zusammen mit Joshua Frieman vom Fermilab traf Steinhardt die Vorbereitung für die Tagung, die im Mai 1998 stattfinden sollte.

Im Januar 1998 wurden Daten über die ersten acht Supernovae, die Perlmutter und die Supernova-Cosmology-Project-Gruppe beobachtet hatten, in der Zeitschrift *Nature* veröffentlicht.[1] Aus den Daten schien hervorzugehen, dass Galaxien, die eine größere Entfernung in Zeit und Raum aufwiesen, so wie die acht, die die Gruppe untersucht hatte, möglicherweise langsamer als näher gelegene Galaxien davondriften. Zu diesem Zeitpunkt lagen der Gruppe weitere Daten über sechzig Galaxien mit Typ-Ia-Supernovae vor, die noch analysiert werden mussten. Würden die Daten über die anderen Galaxien den Trend bestätigen? Wenn ja, dann würden diese Beobachtungen weitere Anhaltspunkte dafür liefern, dass das Universum heute rascher expandiert als in der Vergangenheit.

Im Januar 1998 legte Perlmutters Team auf einer Tagung der American Astronomical Society Ergebnisse vor, die darauf schließen ließen, dass das Universum rascher als erwartet expandiert. Die konkurrierende Supernova-Gruppe vom Harvard-Smithsonian Center for Astrophysics berichtete später über Ergebnisse, die sich ebenfalls mit Perlmutters Hypothese deckten. Genauso verhielt es sich mit den Resultaten, die ein Team unter Leitung von Neta Bahcall und ein anderes Team unter Leitung von Ruth Daly, beide von der Princeton University, ermittelten. Ihre Untersuchungen ließen darauf schließen, dass die Gesamtmasse im Universum nicht ausreichte, um die Expansion des Universums jemals zum Stillstand zu bringen.

Neta Bahcall wurde in Israel geboren und wuchs dort auf. Sie studierte Mathematik und Physik an der Hebräischen Universität. 1965 machte sie am Weizmann-Institut ihren Magister in Kernphysik. Im gleichen Jahr lernte sie ihren zukünftigen Mann John Bahcall kennen, der Physikprofessor am Caltech war und das Weizmann-Institut besuchte. Die beiden heirateten im folgenden

Neta Bahcall
Foto von Robert P. Matthews, Fachbereich Kommunikation der Princeton University

Jahr und gingen ans Caltech, wo Neta bei William Fowler, der einige Jahre später den Nobelpreis erhielt, an einem Forschungsprojekt für ihre Promotion im Grenzgebiet zwischen Kern- und Astrophysik arbeitete. Sie beschäftigte sich mit den Kernreaktionen, die im Inneren von Sternen stattfinden und sie zum Leuchten bringen. 1970 promovierte Bahcall an der Universität Tel Aviv. Sie interessierte sich sehr für Astronomie und unternahm gemeinsame Forschungsprojekte mit Astrophysikern am Caltech, in denen sie sich mit Quasaren und anderen astronomischen Phänomenen beschäftigten.

1972 beobachteten Neta und John Bahcall Sterne durch das Teleskop der gerade fertig gestellten Wise-Sternwarte in der Negev-Wüste in Israel. Sie wurden in der Nähe der Sternwarte untergebracht, hatten aber keinen Babysitter. Daher nahmen sie ihre beiden Kinder, Safi, 3, und Dan, noch kein Jahr alt, mit in die

212

Sternwarte und machten ihnen Bettchen in Schubladen, die sie aus einem Schrank zogen. Während die Kinder schliefen, entdeckten Neta und John Bahcall den ersten bedeckungsveränderlichen Doppelstern, der zugleich der erste Röntgen-Doppelstern war, der von einem Satelliten gefunden wurde. Das kompakte Objekt, das Gas veranlasste, Röntgenstrahlen zu emittieren, war ein Pulsar – der erste Doppelpulsar, der je entdeckt wurde. Das waren wichtige Neuigkeiten für die Astronomie. Überdies war die Entdeckung die erste, die von der neuen Sternwarte gemacht wurde, und der Staat Israel ernannte Neta Bahcall zur Wissenschaftlerin des Jahres.

Die Bahcalls zogen nach Princeton, wo Neta Professorin für Astrophysik an der Princeton University und ihr Mann Professor für Naturwissenschaften am Institute for Advanced Study wurde. 1998 verlieh Präsident Clinton John Bahcall die National Medal of Science. Sechs Jahre war Neta Bahcall Leiterin des Science Selection Office am Space Telescope Science Institute, wo sie der Wissenschaft große Dienste leistete, indem sie für das Hubble-Weltraumteleskop wichtige astronomische Projekte auswählte. Im Laufe der Jahre wandte sich ihr Interesse der Kosmologie zu, und sie begann sich zunehmend für die Frage zu interessieren, wie astrophysikalische Entdeckungen zu einem besseren Verständnis des Universums beitragen können – seiner Struktur, seines Anfangs, seines Alters und seines endgültigen Schicksals. Jahrelang untersuchte Neta Bahcall die großräumige Struktur des Universums, um eine Antwort auf diese kosmologischen Fragen zu finden. Ihre Forschungsarbeiten waren sehr erfolgreich, und aufgrund ihrer Entdeckungen wurde sie 1997 in die National Academy of Sciences der Vereinigten Staaten aufgenommen.

Auf einer Tagung der American Astronomical Society im Januar 1998 legte Neta Bahcall die Ergebnisse zur «Gewichtsbestimmung» des Universums vor, die sie und ihre Kollegen unter Verwendung mehrerer unabhängiger Methoden ermittelt hatten. Anhand von Galaxienhaufen hatten sie die Entwicklung und

Verteilung der Materie im Universum untersucht. Zu den herangezogenen Methoden gehörte die Verwendung von Einsteins Gravitationslinsen-Effekt. Dabei beobachteten sie, wie sich das Licht ferner Galaxien in der Umgebung näherer Galaxien krümmte; dieser Krümmung entnahmen sie Informationen über die Masse der näher gelegenen Galaxien. Andere Methoden bestanden darin, dass sie heiße Gase in Galaxien, Geschwindigkeiten, Rotverschiebungen und Beziehungen zwischen Masse und Leuchtkraft im Universum untersuchten. Des Weiteren analysierte Bahcall die Halos von Galaxien, in denen ein Großteil der dunklen Materie des Universums zu finden ist, wie ihre Forschung gezeigt hat. Aufgrund dieser Untersuchungen gelangte Neta Bahcall zu dem Schluss, dass die Dichte der Masse im Universum nur 20 Prozent der Dichte umfasst, die erforderlich wäre, um eine Verlangsamung der Expansion und schließlich einen Kollaps zu bewirken. Da diese Zahl, wie gesagt, unter Verwendung mehrerer unabhängiger Methoden ermittelt wurde, ist die Wahrscheinlichkeit, dass sie falsch sein könnte, kleiner als eins zu einer Million.[2]

In der Presse wurde viel über die verblüffenden Ergebnisse von Perlmutter, Bahcall und ihren Kollegen geschrieben. Die neuen Ergebnisse beschäftigten die Phantasie der Öffentlichkeit. Ohne es auszusprechen, schienen alle – Wissenschaftler und Laien gleichermaßen – auf ein «gebändigtes» Universum gehofft zu haben, vielleicht in Erinnerung an Einsteins statisches Modell. Wenn das Universum tatsächlich expandiert und nichtstationär ist – wie die staunende Welt in den zwanziger Jahren erstmals von Hubble erfuhr –, dann wünschte sich die Menschheit wenigstens einen Kreislauf von Expansion und Kontraktion. Ein abwechselnd expandierendes und sich zusammenziehendes Universum barg die Möglichkeit des Neuanfangs, wenn auch in schwindelerregend ferner Zukunft. Ein Universum, das ewig expandiert und keine Hoffnung bietet, dass es sich jemals wieder zusammenziehen und zu einem neuen Urknallanfang zurückkehren könnte, war ein beunruhigendes Szenario. Daher war die Presse anwesend, als im Mai das Treffen im Fermilab stattfand.

Was die Wissenschaftler, die sich im Fermilab einfanden, besorgt machte, war noch fundamentaler als ein ewig expandierendes Universum: Es war das Schicksal der Physik. Diese Wissenschaftler sahen sich einer fast unausweichlichen Schlussfolgerung gegenüber: Etwas Unheimliches ging im Universum vor – etwas, was kein Wissenschaftler verstehen konnte. Die Natur hatte noch eine fünfte Kraft in ihrem Arsenal, eine, die noch nie zuvor direkt beobachtet worden war. Dieses Gefühl, eine Vermutung, die alle Anwesenden teilten – Physiker, Teilchentheoretiker, Astronomen –, konkretisierte sich zu einer technischen Erklärung der vorgelegten Ergebnisse. Wissenschaftler werden zur Skepsis erzogen. Sie verlangen überzeugende Beweise, bevor sie bereit sind, eine alte Theorie gegen eine neue auszutauschen. Als die Teilnehmer, etwa sechzig insgesamt, versammelt waren, begannen die hochdramatischen Referate.

William Press, ein Astronom von der Harvard-Smithsonian-Gruppe, übernahm die Rolle des Advocatus Diaboli für sein Team und die Berkeley-Gruppe, als die Supernova-Ergebnisse bekannt gegeben wurden. «Und wenn die Ergebnisse nicht stimmen?», lautete seine provozierende Frage. Saul Perlmutter und Robert Krishner, Mitglied des Konkurrenzteams, verteidigten ihre jeweiligen Ergebnisse. Es gab viele denkbare Einwände. Erstens, sind die Supernovae wirklich «Standardkerzen»?[3] Woher wissen wir, dass eine Typ-I-Supernova, die vor sieben Milliarden Jahren stattgefunden hat, die gleiche Lichtkurve hat wie eine, die sich erst vor einer halben Milliarde Jahren ereignet hat? Dann gab es eine Frage zur Korrektur, die die Forscher an den Leuchtkraftdaten vornahmen, um sie vergleichen zu können. Wie wirkte sich diese Korrektur aus? Schließlich stellte sich noch das Problem des unerwarteten Fehlens von Staub in den untersuchten Galaxien. Warum wurde kein Staub entdeckt?

Die beiden Teams gaben längere technische Erklärungen zu den

Einzelheiten ab und schienen die Fragen zur allgemeinen Zufriedenheit zu beantworten. Man machte eine Probeabstimmung, und die versammelten Wissenschaftler stimmten mit nahezu überwältigender Mehrheit dafür, die neuen Resultate als wissenschaftlich überzeugend anzuerkennen. Damit ließ sich die unvermeidliche, drängende Frage nicht mehr umgehen: Was treibt die beschleunigte Expansion des Universums an? Eigentlich wäre davon auszugehen, dass sich die Gesamtmasse des Universums bemerkbar macht. Eine vom Urknall ausgelöste Expansion müsste durch das Vorhandensein der Masse, die in Form der Galaxien über das Universum verteilt ist, irgendwie abgebremst werden. Doch die Forschungsergebnisse, die im Mai 1998 am Fermilab vorgelegt wurden, schienen eindeutig zu zeigen, dass nichts dergleichen geschieht. Das Universum besitzt nicht genügend Masse, um die Expansion zu verlangsamen. Tatsächlich *beschleunigt* irgendeine geheimnisvolle Kraft die Expansion. Es gibt einen *negativen Druck* im Vakuum – ein der Wissenschaft bislang vollkommen fremdes Phänomen. Oder doch nicht?

«Es gibt irgendeine komische Energie im Universum», schrieb Michael Turner vom Fermilab auf seinen Block. Dann zeichnete er noch Sterne, Menschen, die sich am Kopf kratzten, und den großen griechischen Buchstaben Λ. Diese Zeichnung fand ihren Weg auf die Titelseite des Wissenschaftsteils der *New York Times* (5. Mai 1998). «Was gut genug für Einstein war», sagte Turner, «sollte auch gut genug für uns sein.» Damit meinte er die kosmologische Konstante.

Doch die Kosmologen, die sich mit den neuen Theorien beschäftigten, etwa der Inflationstheorie, wollten noch einen Schritt weiter gehen. Mit der kosmologischen Konstante kann man im Prinzip die rätselhafte Naturkraft erklären, die den Raum nach außen drängt, der Gravitation entgegenwirkt und das Universum veranlasst, ins Unendliche zu beschleunigen. Doch nach der Inflationstheorie gab es einst eine ähnliche Kraft im Universum, und die veranlasste die kosmische Expansion, in dem ersten winzigen

Sekundenbruchteil nach dem Urknall ein rasendes, exponentielles Tempo anzuschlagen. Also lässt sich die kosmologische Konstante auch für diese Phase sehr gut heranziehen. Doch damit stellt sich ein Problem. Die unsichtbare Kraft muss in dem Augenblick unmittelbar nach dem Urknall eine andere Größenordnung gehabt haben als heute. Wie kann die Wissenschaft mit einem Λ von veränderlicher Größe arbeiten?

Eine nahe liegende Antwort auf diese entscheidende Frage, die viele Geheimnisse der modernen Kosmologie lösen könnte, bestünde darin, aus der kosmologischen Konstante eine kosmologische *Variable* zu machen – eine Funktion der Zeit oder anderer Variablen in Einsteins Gleichung. Doch niemand weiß, wie das im Einzelnen geschehen soll. Einstein ist seit mehr als vierzig Jahren tot, und offenbar hat niemand den Mut, die Einsicht und das Wissen, um seine Gleichung so zu verändern, wie er es getan hat, als er die kosmologische Konstante einführte.

Einsteins Nachfolger, die Physiker, die sich auf die allgemeine Relativitätstheorie spezialisiert haben, verbringen ihre Zeit damit, Einsteins Feldgleichung zu lösen. Zu diesem Zweck verwenden sie ein ganzes Arsenal moderner und alter Methoden: einige von ihnen numerische Simulationen, zu deren Durchführung es modernster Computer bedarf, andere abstraktere analytische Techniken zur Lösung komplexer Differenzialgleichungen. Doch diese Physiker versuchen nicht, Einsteins Gleichungen zu lösen, um neue Ergebnisse und neue Theorien einzugliedern.

Einsteins Feldgleichung ist eine Ikone. Die Gleichung wurde von Meisterhand entwickelt. Jeder Tensor, jede Konstante, jedes winzige Element steht dort aus gewichtigen Gründen. Die Tensorgleichung wurde entwickelt, um die Naturgesetze zu bewahren. Diese Gesetze sind invariant – sie verändern sich nicht, wenn man einen physikalischen Prozess aus einem anderen Blickwinkel oder in einem anderen Koordinatensystem betrachtet. Letztlich umfasst die Tensorgleichung auch die einfacheren Newton'schen Gesetze, die für nichtrelativistische Verhältnisse gelten. Einstein konnte in die Gleichung einbauen, was er später für seine größte Eselei hielt, indem er den metrischen Tensor geschickt manipulierte, ihn ausreizte, den Raum gerade so weit krümmte, dass er der Konstante entsprach, ohne die Eigenschaften zu verlieren, die er in langjähriger, mühevoller Arbeit seiner Gleichung einverleibt hatte.

Doch aus einer bloßen Konstante eine Variable machen? Vielleicht wäre noch nicht einmal der große Meister persönlich dazu in der Lage gewesen. Daher entschieden sich die Kosmologen, die die «komische Energie» des Universums erklären und gleichzeitig die Inflationstheorie aktualisieren wollten, für die zweitbeste Lösung: Sie versuchten, ein neues Konzept zu erfinden.

Ein solches alternatives Modell arbeitete Paul Steinhardt aus. Er nannte es *Quintessenz*, nach dem fünften Element des Aristoteles. Der Name für die unsichtbare Kraft ist eine versteckte Anspielung auf eine fünfte Naturkraft. Bisher gibt es in der Physik vier Kräfte: Gravitation, Elektromagnetismus, schwache und starke Wechselwirkung. Quintessenz, die noch niemand beobachtet hat, wäre die fünfte. Gegenwärtig sucht Steinhardt nach einer Möglichkeit, Quintessenz in Einsteins Feldgleichung einzubauen. Egal, welche Theorie sich am Ende bewähren wird, das Rätsel, vor dem die Wissenschaft gegenwärtig steht, lässt sich laut Steinhardt wie folgt zusammenfassen: «Es gibt einen negativen Druck im Universum. Eines ist heute klar, Ω_M ist kleiner als 1. Was bedeutet das? Krümmung, Quintessenz, Λ? – Wir wissen es nicht. Doch ganz gleich, was dort draußen ist, es ist von fundamentaler Bedeutung für die Physik.»

Kapitel 16
Gottes Gleichung

«Ich möchte Gottes Gedanken kennen.»
Albert Einstein

Einsteins kosmologische Konstante geriet nie wirklich in Vergessenheit, obwohl ihr Schöpfer sich von ihr lossagte. Steven Weinberg hat die verschlungene Wirkungsgeschichte der Konstante nachgezeichnet.[1] Weinberg zeigt, dass durch Einfügung der Konstante in Einsteins Gleichung der Gesamtenergie des Vakuums ein Term hinzugefügt wird, der $^\Lambda/_8 \pi$ G entspricht. Die Frage lautet, ob die Konstante alle Energie des Vakuums wiedergibt oder ob es noch etwas anderes gibt, das unser Universum nach außen drängt. Und wenn die kosmologische Konstante allein verantwortlich ist, wie groß muss sie dann sein?

In den sechziger und siebziger Jahren interessierten sich Teilchenphysiker für die kosmologische Konstante, weil sie die Energieniveaus des leeren Raums bestimmen mussten, um diese Energie von derjenigen der Teilchen zu unterscheiden, die sie in ihren Beschleunigern untersuchten. Doch sosehr sich die Teilchenphysiker auch bemühten, sie konnten die Energiemenge, die sie im leeren Raum vermuteten, nicht mit der Vakuumenergie in Einklang bringen, die sich aus Beobachtungen der kosmologischen Konstante ergab. Daher gaben sie ihre Versuche wieder auf. Doch etwa zur gleichen Zeit entdeckten die Kosmologen die in Ungnade gefallene Konstante erneut und versuchten, sie für ihre eigene Zwecke einzuspannen. Ein drängendes kosmologisches Problem Ende der sechziger Jahre hatte noch keine Lösung gefunden: das Problem der Quasare.

Quasare (oder quasistellare Objekte) setzen große Mengen

Hochfrequenzenergie frei, die von Astronomen entdeckt werden können. Eine unerklärlich große Zahl von Quasaren wurde bei Rotverschiebungen von rund $z = 1,95$ entdeckt. Diese Quasare waren alle in Zeit und Raum sehr weit von uns entfernt und fast alle etwa zur gleichen Zeit entstanden (wie ihre Rotverschiebungen, Anhaltspunkte für ihre Fluchtgeschwindigkeiten, deutlich bewiesen). Aber warum? Die Kosmologen wussten, dass sich das Phänomen erklären ließ, wenn das Universum zur Entstehungszeit der Quasare aus irgendeinem Grund nur wenig expandiert wäre, dadurch hätten sie alle ungefähr den gleichen Abstand von uns bekommen. Was man brauchte, war also ein Universum, das eine Zeit lang in einer gegebenen Größe R verharrte und dabei jenem Wert entsprach, der nach dem geschätzten Alter der Quasare errechnet worden war. Eine Möglichkeit, die Expansion des Universums zu einem gegebenen Zeitpunkt zu verlangsamen oder gar zum Stillstand zu bringen, ist die Anwendung der kosmologischen Konstante. Einige Kosmologen brachten Jahre mit dem Versuch zu, dieses Rätsel mit Hilfe der kosmologischen Konstante zu lösen.[2]

Dann waren wieder die Teilchenphysiker an der Reihe. Dieses Mal versuchten sie, Fragen über spontane Symmetriebrechung in der elektroschwachen Theorie zu beantworten. Symmetriebrechung ist ein Mechanismus, durch den, wie man meinte, Teilchen verschiedener Art im frühen Universum entstanden seien. Damit sich ein Elektron von einem Quark unterschied, musste nach Ansicht der Teilchenphysiker eine «Symmetrie» gebrochen werden, denn nur so konnten zwei verschiedene Teilchen entstehen. Die Theoretiker sahen sich einem Problem gegenüber: Bestimmte Dichteberechnungen ergaben negative Zahlen. Irgendwann wurde den Forschern klar, dass sie einen entscheidenden Term aufheben konnten, indem sie die kosmologische Konstante Λ in ihre Gleichungen aufnahmen. So erhielten sie auf die Schlüsselfrage eine positive Antwort. Ein Nebeneffekt war jedoch die Schlussfolgerung, dass Λ in der Vergangenheit sehr groß gewesen sein musste. Diese Implikation war störend, bis Guth die Theorie des inflationären Universums entwickelte. Wenn die kosmologische Konstante unmittelbar nach dem Urknall tatsächlich viel größer war, dann war sie möglicherweise die Kraft, die die exponentielle Expansion des Universums während dieses Zeitraums angetrieben hatte. Wenn man also die Konstante in die Gleichung einfügte, musste man ihren Wert sehr sorgfältig wählen.

Die Physik brauchte neue Theorien und eine neue Mathematik. Es genügte nicht, an Einsteins Gleichung nach dem Prinzip von Versuch und Irrtum herumzudoktern. Die bemerkenswerte Gleichung hatte sich all die Jahre hindurch hervorragend behauptet und immer wieder zu physikalischen Entdeckungen geführt, die sich in erstaunlicher Übereinstimmung mit den Vorhersagen der Gleichung befanden. Doch wenn man versuchte, mit der Gleichung unter Einschluss der kosmologischen Konstante zu arbeiten – oder die relativistische Gleichung mit der Quantentheorie zu vereinen –, waren die Ergebnisse dürftig. Die Menschheit verstand die magische Gleichung einfach nicht gründlich genug.

1985 wurde eine Theorie entwickelt, von der man hoffte, sie würde viele Probleme in der Physik lösen: die Superstringtheorie. Die Theorie erweiterte die vier Dimensionen der Raumzeit auf elf Dimensionen, d. h., Gleichungen in der Superstringtheorie, die versuchten, das Universum zu modellieren, brauchten elf Dimensionen. Die Ergebnisse der Theorie waren faszinierend, aber bis jetzt haben auch sie das Problem von Einsteins Konstante nicht gelöst.

Im Dezember 1996 berichteten Zeitungen in London, der berühmte Kosmologe Stephen Hawking mache «einen Crashkurs in Mathematik».[3] Ein Mathematikprofessor aus Oxford wollte einen Vortrag über die Topologie der vierdimensionalen Flächen und ihre Beziehung zur allgemeinen Relativitätstheorie und Quantentheorie halten. Hawking und andere Kosmologen waren sehr interessiert. Der Mathematiker hatte anscheinend eine seltsame Beziehung zwischen vierdimensionalen Flächen und «exotischen» physikalischen Phänomenen entdeckt – eine Besonderheit vierdimensionaler Räume. Sir Roger Penrose, selbst ein namhafter Topologe, der diese abstrakte mathematische Disziplin mit Erfolg auf physikalische Probleme angewandt hatte, beschrieb die Ergebnisse wie folgt: «Mit Ideen über das Verhalten fundamentaler Teilchen hat er ein Ergebnis in der reinen Mathematik bewiesen, das völlig unerwartet war. Von allen Dimensionen besitzt nur die Vierdimensionalität diese Eigenschaft.» Diese Arbeit in reiner Mathematik hat vielleicht eine Ahnung davon vermittelt, warum Kosmologen und Physiker auf solche Schwierigkeiten bei der kosmologischen Konstante und anderen Problemen stoßen: Die vierdimensionale Geometrie zeichnet sich durch ein pathologisch «schlechtes Verhalten» aus, mehr als alle anderen Dimensionen. Offenbar ist es ein Fluch, dass wir in einem vierdimensionalen Universum leben (drei Dimensionen des Raums und eine der Zeit), zumindest soweit die Physik betroffen ist.

Die Kosmologen ließen sich von den neuen Ergebnissen nicht einschüchtern, sondern sahen in ihnen sogar eine Chance. Augenblicklich verknüpften sie die Ergebnisse über die Topologie vierdimensionaler Räume mit ihren eigenen Theorien – der Relativitäts- und der Quantentheorie. Diesmal hatten sie sich mehr vorgenommen, als nur die kosmologische Konstante zu bestimmen – sie hatten sich das höchste Ziel gesetzt, das die Physik zu bieten hat: eine einheitliche Feldtheorie, die alle Naturkräfte miteinander verbindet. In dem Versuch, dieses Ziel zu erreichen, standen die Kosmologen in Einsteins direkter Nachfolge. Denn nachdem er 1932 in die Vereinigten Staaten emigriert und in das Institute for Advanced Study eingetreten war, verbrachte er die verbleibenden Jahre seines Lebens mit dem Versuch, die verschiedenen Gebiete der Physik zu vereinheitlichen.

Albert Einstein verfolgte dieses Ziel mit Leidenschaft und großem Ernst. Er war auf seine Art ein religiöser Mensch, daher war die Naturwissenschaft für ihn der Prozess, Gottes Schöpfung zu entdecken. Viele unserer größten Wissenschaftler sind heute von einem ähnlichen Wunsch beseelt. Sie arbeiten an der vordersten Front der Forschung und sind bemüht, das Rätsel der Schöpfung zu lösen. Und sie stellen philosophische Fragen von grundlegender Bedeutung: Woher kommt das Universum? Wohin geht es? Was für eine Gestalt hat es?

1997 erklärte Stephen Hawking, er rechne fest damit, dass er in zwanzig Jahren die Grundregeln des Universums verstehen werde. Seine Fachkollegen hatten natürlich nichts Eiligeres zu tun, als ihm unter die Nase zu reiben, dass er diese Prognose schon einmal zwanzig Jahre zuvor abgegeben hätte. Doch Hawking vermittelte den Eindruck, als hätte er noch ein Ass im Ärmel. In Anlehnung an Einstein sagte er: «Wir nähern uns Gott.»[4] Im März 1998 ließ Hawking ein Stück von seinem Ass sehen. Er hatte versucht, den Urknall mit Hilfe des *Instanton*-Konzepts zu erklären. Hawking und seine Mitarbeiter sagten, mit diesem Konzept sei die Physik der «allumfassenden Theorie», der Weltformel, ein Stück näher gekommen. Einen Monat später wurde die neue Theorie in gekonnter Inszenierung gleichzeitig von Hawking, der in Kalifornien weilte, und von seinem Mitarbeiter Neil Turok in London bekannt gegeben. Aber Hawking ist nicht Einstein, und wenn er Gott anruft, wie es einst Einstein tat, dann geschieht das vielleicht mit weniger Berechtigung. Bisher haben Hawking und seine Mitarbeiter nicht eine einzige Theorie vorgelegt, die sich mit Albert Einsteins Theorien messen könnte.

Was haben diese Wissenschaftler bisher geleistet? Hawking und Turok begannen mit Alan Guths Inflationsmodell. Im Vorgriff auf die Entdeckungen, die 1998 bekannt gegeben wurden – das Universum ist «offen», expandiert ewig und wird daher letztlich einen unendlichen Raum füllen –, stellten Hawking und Turok folgende Fragen: Ist die Inflation auf ein «flaches» Universum festgelegt oder kann sie auch ein offenes Universum erzeugen? Hawking hatte schon einige Jahre zuvor mit seinem Mitarbeiter James Hartle einen ähnlichen Ansatz versucht, indem er die Inflationstheorie auf ein geschlossenes Universum angewendet hatte, und zwar mit Hilfe der Pfadintegralmethode, die der legendäre amerikanische Physiker Richard Feynman entwickelt hatte.

1995 hielt Turok, der nicht an flache oder geschlossene Universen glaubte, in Cambridge einen Vortrag über Forschungsergebnisse, die sich auf ein offenes Universum bezogen. Hawking fand seinen Vortrag interessant, und die beiden begannen zusammenzuarbeiten. Sie versuchten den Ansatz, den Hawking zusammen mit Hartle entwickelt hatte, auf ein offenes Universum anzuwenden, hatten aber lange Zeit keinen Erfolg damit. Das Problem war die Unendlichkeit. Das Auftreten einer unendlichen Komponente in der Gleichung vertrug sich nicht mit Feynmans Pfadintegralmethode. Eines Tages schrieb Turok einige mathematische Ausdrücke an Hawkings Tafel. Plötzlich unterbrach Hawking ihn, indem er ihn mit seinem Sprachcomputer anrief. (Hawking ist gelähmt und kann nur noch einen Finger bewegen, mit dem er seine Computermaus bedient. Auf diese Weise kann er sich über den Sprachcomputer äußern.) Augenscheinlich hatte Turok einen Fehler gemacht, indem er einen Term in den Gleichungen vernachlässigt hatte, einen Term, der offenbar signifikant war. Die beiden arbeiteten mit den korrigierten Ausdrücken und sahen die unendliche Komponente auf wunderbare Weise verschwinden. Der Raum, den sie jetzt vor sich hatten, beschrieb die Evolution des Universums vom Urknall über die Inflation bis zu einem offenen Universum – ohne eine Singularität am Anfang.

Statt der Singularität schlugen Turok und Hawking das Instanton vor – ein Teilchen aus Raum und Zeit in hoch komprimiertem Zustand, ein Teilchen mit der Masse einer Erbse, aber nur ein millionstel billionstel Billionstel so groß. Seinen Namen verdankt das Instanton dem Umstand, dass es nur einen Augenblick (englisch: *instant*) existiert. Vor dem Instanton existieren weder Zeit noch Raum. Im Gegensatz zur Urknall-Singularität ist die Raumzeit am Instanton glatt. Und wenn das Instanton explodiert, beginnt die kosmische Inflation, wie Alan Guth sie vorhergesagt hat.

Das Universum, das aus dem Instanton entsteht, setzt seine Expansion ewig fort. Die Zeit und die astronomischen Beobachtungen der kommenden Jahre werden uns vielleicht sagen, welche dieser Theorien richtig sind, wie unser Universum begann, ob es möglich ist, die Naturkräfte zu vereinheitlichen, und ob die kosmologische Konstante ein Teil der allumfassenden Physikgleichung ist.

Die meisten Wissenschaftler sind sich einig, dass das Universum mit einer gewaltigen Expansion aus einem sehr heißen und dichten Zustand begonnen haben muss, einer Art Urknall. Mit dieser ungeheuren Anfangsexpansion begann die Schöpfung – zunächst die Bildung von Materie und Energie, dann von Galaxien, Sternen und Planeten, auch von der geheimnisvollen dunklen Materie, die wir nicht sehen können. Doch dann, nach dem Urknall, beginnt der Meinungsstreit, der Kampf der wissenschaftlichen und philosophischen Anschauungen. Saul Perlmutter, der Mann, dem es mit den stärksten Teleskopen und Instrumenten der Welt gelungen ist, mehr von der Expansion des Universums zu sehen als irgendein anderer Mensch, ist ein sehr vorsichtiger Wissenschaftler. Doch seine Forschungsergebnisse lassen nur einen bestimmten Schluss zu.

Saul Perlmutter wurde 1959 in Urbana-Champaign, Illinois, geboren. Beide Eltern waren Wissenschaftler, die an der University of Illinois arbeiteten. Saul war noch ein Kleinkind, als die Familie nach Philadelphia zog, wo er die Quaker Friends School besuchte. Als Schüler war er immer gut in Mathematik und in den naturwissenschaftlichen Fächern; darum widmete er sich den geisteswissenschaftlichen Fächern mit besonderem Eifer, bedeuteten sie doch eine größere Herausforderung für ihn. Außerdem spielte er Geige. Saul ging an die Harvard University, wo er 1981 sein Studium in Philosophie und Physik abschloss. An der University of California in Berkeley begann er sein Promotionsstudium. Einige Jahre lang beteiligte er sich hier an bedeutenden Forschungsprojekten. 1982 schloss er sich einer Forschungsgruppe

Saul Perlmutter
Lawrence Berkeley National Laboratory

an, die Teilchen untersuchte, deren elektrische Ladung ein nicht-
ganzzahliges Vielfaches der Elementarladung ist, wechselte aber
schon bald zu einem Team von Doktoranden, die von Professor
Richard Muller betreut wurden. Muller hatte eng mit Luis Alvarez zusammengearbeitet, dem verstorbenen Arzt, der zusammen
mit seinem Sohn Walter Alvarez praktisch im Alleingang Beweise
dafür entdeckt hatte, dass die Dinosaurier vor 65 Millionen Jahren ausgestorben sind, weil ein großer Asteroid auf der Erdoberfläche aufschlug.

Muller und seine Studenten verfolgten diese Idee weiter: Anhand von astronomischen Beobachtungsdaten über lichtschwache rote Sterne suchten sie nach dem Stern Nemesis. Nemesis ist
ein hypothetischer Begleiter der Sonne, der sie in 52 Millionen
Jahren einmal umkreist. Wenn Nemesis der Sonne am nächsten

steht, alle 26 Millionen Jahre, kommt es zum Massensterben, weil die Gravitationsanziehung von Nemesis Asteroiden in unsere Richtung zieht. Fände man Nemesis, wenn es ihn denn gibt, würde nicht nur die Frage beantwortet, wie die Dinosaurier ausstarben, sondern auch, warum es zu dieser Katastrophe – und anderen ähnlichen Katastrophen – kam. Die Gruppe maß (mit Hilfe der Parallaxenmethode) die Entfernungen von ungefähr dreihundert Sternen, die sie anhand eines Sternenkatalogs aus einer Gruppe von etwa 2000 Verdächtigen ausgewählt hatten, doch sie waren alle zu weit entfernt. Dann wurde die Suche aus verschiedenen Gründen eingestellt. Saul verschwand einen Monat lang in einem Keller des Physikgebäudes in Berkeley. Als er wieder auftauchte, hatte er eine Erfindung gemacht – ein Roboterteleskop.

Auf der Suche nach Anwendungsmöglichkeiten für sein neues, computergesteuertes Teleskop entwickelte Saul eine höchst einfallsreiche Technik zur Entdeckung von Supernovae durch die systematische Durchmusterung ferner Galaxien. 1985 erzielte er auf diese Weise elektronische Bilder von zwanzig dieser seltenen Explosionen in fernen Galaxien.

1986 promovierte Saul in Physik an der University of California in Berkeley, und im folgenden Jahr beschlossen sein Kollege Carl Pennypacker und er, die *Expansionsverlangsamung* des Universums durch die Supernovae-Suche mit Sauls Roboterteleskop zu bestimmen. Diese Entscheidung aus dem Jahr 1987 spiegelt die damals vorherrschende Auffassung der physikalischen Gemeinschaft wider: Unser Universum, das mit einem Urknall begonnen hat, wird in seiner Expansion durch die gegenseitige Anziehung aller in ihm enthaltenen Massen *abgebremst*. Das Team begann mit seinen Messungen, indem es Beobachtungen mit einem australischen Vier-Meter-Teleskop zugrunde legte. Es fand Supernova-Explosionen bei $z = 0,3$, aber es kam nur langsam voran. Das Wetter ließ keine häufigen Beobachtungen zu, und es gab noch andere Schwierigkeiten. Das Team, das jetzt größer wurde, verlegte sein Beobachtungszentrum nach La Palma, eine der Kanarischen Inseln, wo ihnen ein 2,5-Meter-Teleskop zur Verfügung stand. Die Forscher waren jetzt bei einem z-Wert von 0,45 und hatten eine Auswertungstechnik entwickelt, mit der sie große Mengen von Galaxienbeobachtungen verarbeiten und eine immer größere Zahl von Supernovae entdecken konnten. Übers Internet schickten sie ihre Ergebnisse direkt nach Berkeley.

Inzwischen hatte Saul eine Forschungsstelle am Lawrence Berkeley National Laboratory erhalten, das in den Hügeln über dem Campus von Berkeley liegt, und er machte sein Büro dort zur Operationszentrale des Projekts. Dank ihrem Erfolg erhielten die Forscher Zugang zu immer größeren Teleskopen. Schließlich benutzten sie sogar die beiden Zehn-Meter-Keck-Teleskope auf Hawaii, die größten Teleskope der Erde, und das Hubble-Weltraumteleskop. Die Informationen über ferne Explosionen trafen mit verblüffender Regelmäßigkeit ein. Doch das Bild, das alle diese Beobachtungen entwarfen, war genau das Gegenteil dessen, was die Welt der Wissenschaft erwartet hatte. Das Universum bremste seine Expansionsbewegung nicht etwa ab, sondern beschleunigte sie. Anhand von Beobachtungen auf verschiedenen z-Niveaus hatte es jetzt den Anschein, als hätte das Universum von der Phase unmittelbar nach dem Urknall bis zu einem Zeitpunkt vor ungefähr sieben Milliarden Jahren seine Expansion tatsächlich verlangsamt. Doch die Materiedichte im Universum hat einfach nicht ausgereicht, um die Expansion zum Stillstand zu bringen. Als das Universum weiter wuchs, nahm die Massedichte immer weiter ab, sodass Einsteins «komische Energie» das Heft in die Hand nehmen konnte. Vor sieben Milliarden Jahren gewann die Expansion also an Tempo, das bis heute ständig zugenommen hat.

Als Experimentalwissenschaftler ist Perlmutter stets für alle Erklärungen seiner Daten offen. Er verlangt, dass jede Alternative zu einer gegebenen Hypothese in all ihren Konsequenzen untersucht wird. Doch im Frühjahr 1999 bestand kein Zweifel mehr daran, dass das Universum immer schneller expandiert. Aufgrund seiner

Beobachtungen ist Perlmutter heute der Überzeugung, das Universum sei wahrscheinlich flach – seine Geometrie euklidisch – und werde seine Expansion ewig fortsetzen. Zu diesem Zeitpunkt hatte Perlmutters Gruppe bereits Daten außerhalb der ursprünglich festgelegten Reichweite gesammelt. Die Gruppe ermittelte die Rotverschiebungen und Abstände von Galaxien, die so weit entfernt waren ($z = 1,2$), dass sich die Expansion, als sich das Licht dieser Galaxien zu uns auf den Weg machte, noch verlangsamte. Das steht im Gegensatz zur Masse der Daten, die das Team ermittelt hat. Überwiegend betreffen die Daten nämlich Galaxien in einem Entfernungsbereich, in dem die gegenwärtige beschleunigte Expansion des Universums zu beobachten ist (Galaxien mit $z = 0,7$). Die Daten außerhalb des ursprünglichen Entfernungsbereichs sammelte das Team, um die Grenzen seiner vorgeschlagenen Theorien zu überprüfen – was jeder Wissenschaftler tun sollte. Bisher hat die Theorie allen Tests standgehalten.

Die Ergebnisse seines Teams bringen Perlmutter auch zu der Überzeugung, dass die kosmische Konstante unentbehrlich und nicht etwa Einsteins «größte Eselei» ist. Sie ist integraler Bestandteil der Gleichung, die die Vergangenheit und Zukunft des Universums beschreibt. Wie die meisten anderen führenden Astronomen glaubt auch Perlmutter an die Theorie des inflationären Universums. Wenn wir uns also an die neuesten astronomischen Beobachtungen und die weithin anerkannten Theorien halten, dann ergibt sich folgendes Bild: Unser Universum begann mit einer ungeheuren Expansion des Raums, diese Expansion verlangsamte sich mehrere Milliarden Jahre, dann beschleunigte sie sich wieder und fährt damit bis in unsere Zeit fort. Wenn dieses Bild zutrifft, wird die Expansion des Universums ewig fortdauern.

«Im Grunde genommen wissen wir überhaupt nicht, was dort geschehen ist – der Urknall war ein höchst erstaunliches Ereignis. Ich glaube an keine dieser Theorien von Feldern, die wir nicht entdeckt haben, oder Baby-Universen, für die es keine Beweise gibt, oder ein größeres Universum, in das das unsere eingebettet ist. Es gibt keinen objektiven Grund, an eine dieser Hypothesen zu glauben», sagte Sir Roger Penrose zu mir. Auf die von Penrose entwickelten leistungsfähigen geometrischen Methoden geht der Beweis zurück, mit dem er und Stephen Hawking die Zwangsläufigkeit der Urknall-Singularität in der Einstein'schen Kosmologie nachweisen konnten. «Ich glaube, dass das Universum eine hyperbolische Geometrie hat, aber was die kosmologische Konstante angeht, bin ich mir ganz und gar nicht sicher – ich glaube nicht an sie. Auch die Theorie des inflationären Universums überzeugt mich nicht – ich bin da skeptisch. Diese Leute schlagen eine Theorie vor, und wenn die Daten sie nicht bestätigen, dann verändern sie ihre Theorie und verändern sie noch einmal und noch einmal.»

Zu diesen Einwänden meint Alan Guth: «Wie sich die Inflation im Detail vollzogen hat, ist noch unklar, aber der Grundgedanke der Inflation ist meiner Meinung nach mit an Sicherheit grenzender Wahrscheinlichkeit richtig. Die Inflation ist die einzige mir bekannte Theorie, die überzeugend erklärt, wie das Universum so groß, so gleichförmig und so flach geworden ist.»

Diese Debatte unter den Forschern wird gewiss fortdauern, während sie versuchen, den Geheimnissen des Universums auf die Spur zu kommen. Doch in einem sind sie sich alle einig: Sie glauben unverbrüchlich an die Leistungsfähigkeit und ungeschmälerte Nützlichkeit der allgemeinen Relativitätstheorie von Einstein. Um «Gottes Gedanken» noch besser zu kennen, müsste man wohl letztlich die Gesetzmäßigkeiten der Quantentheorie in die Relativitätstheorie aufnehmen. Doch unabhängig davon, wie die endgültige Gleichung aussehen mag, Einsteins Feldgleichung wird ein wesentlicher Teil von ihr sein. Als Einstein seine wunderbare Gleichung entwickelte, erfüllte er sich den Traum seines Lebens – er erkannte wenigstens einige von Gottes Gedanken. Hier noch einmal Einsteins Feldgleichung mit der kosmologischen Konstante, die unsere beste Annäherung an Gottes Gleichung ist:

$$R_{\mu\nu} - {}^1\!/_2\, g_{\mu\nu}\, R - \lambda g_{\mu\nu} = -8\,\pi\, G\, T_{\mu\nu}$$

Dabei ist $R_{\mu\nu}$ der Ricci-Tensor, R seine Spur, λ die kosmologische Konstante, $g_{\mu\nu}$ das Abstandsmaß – der metrische Tensor der Geometrie des Raums –, G Newtons Gravitationskonstante und $T_{\mu\nu}$ der Tensor, der die Eigenschaften von Energie, Impuls und Materie beschreibt, während $\frac{1}{2}$, 8 und π Zahlen sind.

In seinem Buch *Aus meinen späten Jahren* erläuterte Einstein, wie er die Zukunft seiner Theorie beurteilte und warum er sich außerstande sah, eine vereinheitlichte, allumfassende Theorie zu entwickeln. Er schrieb:

«Die allgemeine Relativitätstheorie ist bisher noch unvollkommen, insofern sie bisher das allgemeine Relativitätsprinzip in befriedigender Weise nur auf Gravitationsfelder, nicht aber auf das totale Feld anwenden konnte. Wir wissen noch nicht mit Genauigkeit, durch welchen mathematischen Mechanismus das totale Feld im Raum beschrieben wird und was die allgemeinen invarianten Gesetze sind, denen dieses totale Feld unterliegt.»[5]

Einstein erkannte, dass seine Bemühungen durch die zur Verfügung stehenden Methoden eingeschränkt waren. Bei der Entwicklung der speziellen Relativitätstheorie hatte Einstein die Mathematik von Lorentz und Minkowski verwendet. Für die allgemeine Relativitätstheorie benutzte er die Mathematik von Riemann, Ricci und Levi-Civita. Doch danach musste Einstein innehalten. Er war Gottes Gleichung ein gutes Stück näher gekommen, doch um noch weiter vorzudringen, hätte er eine neue Mathematik gebraucht. Wahrscheinlich wird man diese Mathematik in jener Richtung finden, die S. S. Chern in seinem Vortrag in Princeton gewiesen hat und in der man höhere Abstraktionsniveaus der Geometrie und Topologie finden wird. Die Mathematiker werden die Werkzeuge entwickeln, die Physiker sie anwenden, die Astronomen die Theorien verifizieren und die Daten liefern, und die Kosmologen werden das Gesamtbild unseres Universums zeichnen.

Sobald der Fortschritt in jeder Disziplin durch entsprechende Entwicklungen in den anderen getragen wird, beginnen wir vielleicht, die endgültigen Naturgesetze zu verstehen und Gottes Gleichung in der Form aufzustellen, in der wir sie als Menschen begreifen können. Wenn die endgültige Gleichung formuliert ist, dann sollten wir mit ihrer Hilfe in der Lage sein, das wunderbare Rätsel der Schöpfung zu lösen. Vielleicht hat Gott uns überhaupt nur deshalb auf die Welt geschickt.

Anmerkungen

Kapitel 1 – Explodierende Sterne

1 Die tatsächliche Rechnung ist komplizierter. Wir beobachten Licht, das vor sieben Milliarden Jahren von seiner Galaxie aufgebrochen ist. Als das Licht seine Quelle verließ, war die Galaxie, die es emittierte, rund fünf Milliarden Lichtjahre von uns entfernt. Zu dem Zeitpunkt, da das Licht bei uns eintrifft, beträgt die Entfernung dieser selben Galaxie von uns rund zwölf Milliarden Lichtjahre. Die Diskrepanzen haben ihren Grund darin, dass der Raum ständig weiter expandiert. Mathematisch ist die Rotverschiebung, die wir beobachten, eine Funktion der gesamten Raumstreckung, die stattgefunden hat von dem Augenblick an, da das Licht seine Quelle verlassen hat, bis zu dem Moment, da wir es empfangen haben.

2 Es gibt lokale Ausnahmen von dieser Regel. Benachbarte Galaxien können Bahnen haben, die sie trotz der globalen Expansion des gesamten Universums näher zusammenbringen. Die Andromeda-Galaxie beispielsweise, die mit einer Entfernung von 2,2 Millionen Lichtjahren unser nächster Nachbar ist (von der Großen und der Kleinen Magellan'schen Wolke abgesehen, die als Ableger der Milchstraße gelten), bewegt sich relativ zur Milchstraße auf einer Bahn, die in etwa einer Milliarde Jahren zu einer Kollision führen muss. Astronomen haben «Ströme» anderer Galaxien entdeckt, die sich gegenläufig zur allgemeinen Expansion des Universums bewegen.

3 Eine konkurrierende Arbeitsgruppe von Astronomen, die mit Perlmutters einfallsreicher Methode den eigenen kleineren Datensatz analysiert hatte, gab zwei Monate später ähnliche Ergebnisse bekannt.

4 Aus der allgemeinen Relativitätstheorie geht nicht hervor, dass auf einen Endkollaps ein neuer Urknall folgt. Doch Quanteneffekte könnten dazu führen, falls das Universum kollabieren würde.

Kapitel 2 – Der frühe Einstein

1 Das ist eine der am häufigsten zitierten Äußerungen in der Geschichte der Wissenschaft. Einstein machte sie 1921 bei seinem ersten Besuch in den Vereinigten Staaten, als ihm das – sich später nicht bewahrheitende – Gerücht

hinterbracht wurde, die Ätherdrift sei entdeckt worden. Diese Drift hätte die Gültigkeit der speziellen Relativitätstheorie infrage gestellt. Ich glaube, diese Bemerkung ist sehr aufschlussreich für Einsteins persönliche Beziehung zu seinem Gott.

2 A. Fölsing, *Albert Einstein*, Frankfurt a. M., Suhrkamp, 1995, S. 179.

Kapitel 3 – Prag, 1911

1 Max Planck, *Acht Vorlesungen über Theoretische Physik, gehalten an der Columbia University in the City of New York im Frühjahr 1909*, Leipzig 1910.

2 A. Pais, *Raffiniert ist der Herrgott ...*, Heidelberg, Spektrum Akademischer Verlag, 2000, S. 190.

3 Peter Demetz, *Prag in Schwarz und Gold*, München, Piper, 1998.

4 Philipp Frank, Autor der besten Biographie, die zu Einsteins Lebzeiten erschienen ist, geht ausführlich auf diese Geschichte und andere Merkwürdigkeiten aus Einsteins Leben ein, in: *Einstein, sein Leben und seine Zeit*, München, List, 1949.

5 Renn, J., u. a., *Science*, 10. Januar 1997.

Kapitel 4 – Euklids Rätsel

1 Ein einfaches algebraisches Beispiel für einen Widerspruchsbeweis ist der Beweis, dass die Quadratwurzel von zwei eine irrationale Zahl ist, das heißt, dass die Quadratwurzel von zwei nicht als Quotient von zwei ganzen Zahlen geschrieben werden kann. Wir nehmen also zunächst an, es *gäbe* zwei ganze Zahlen, a und b, deren Quotient gleich der Quadratwurzel von zwei wäre. Dann ist $a^2 = 2b^2$. Wir können ohne Beschränkung der Allgemeinheit annehmen, die beiden ganzen Zahlen wären teilerfremd (sie hätten keinen gemeinsamen Faktor, den man wegkürzen könnte). Wenn a ungerade ist, haben wir einen unmittelbaren Widerspruch, weil $2b^2$ gerade ist. Wenn a gerade ist, dann gibt es eine ganze Zahl c, sodass $a = 2c$. Damit haben wir $a^2 = (2c)^2 = 4c^2$, was gemäß unserer Annahme gleich $2b^2$ sein muss. Damit ist b gerade, und folglich haben a und b den gemeinsamen Faktor 2, was abermals im Widerspruch zu unserer Annahme steht.

2 Die Unendlichkeit von Geraden folgt aus Euklids zweitem Postulat. Ende des 19. Jahrhunderts vertrat der deutsche Mathematiker G. F. B. Riemann (1826–1866) die Auffassung, Euklids Geraden könnten auch als unbegrenzt, aber nicht unendlich interpretiert werden. Ein großer Kreis auf einer Kugel lässt sich als Gerade verstehen, die zwar unbegrenzt, aber endlich ist.

3 1818 prägte Karl Schweikart diesen Begriff, um seinem Freund Gerling, einem Astronomieprofessor an der Universität Marburg und ehemaligen Studenten von Gauß, die nichteuklidische Geometrie zu beschreiben.

Kapitel 5 – Grossmanns Kolleghefte

1 R. W. Clark, *Albert Einstein: Leben und Werk*, Esslingen, Bechtle, 1974.

2 M. J. Klein u. a., *The Collected Papers of Albert Einstein*, Band V, Princeton University Press, 1993, Dokument 481, S. 563.

Kapitel 6 – Die Krim-Expedition

1 Albrecht Fölsing, *Albert Einstein*, Frankfurt a. M., Suhrkamp, 1995, S. 363.

2 Tatsächlich sind Ort und Zeit des ersten Treffens zwischen Einstein und Freundlich unklar. Ronald Clark, der in seiner Einstein-Biographie bei der Schilderung dieser Beziehung von einem Gespräch mit Frau Käthe Freundlich ausgeht, behauptet, die beiden Männer hätten sich zum ersten Mal 1913 in Zürich getroffen (*Einstein, Leben und Werk*, Esslingen, Bechtle, 1974, S. 121). Doch in einem Brief an Michele Besso aus Prag vom 26. März 1912 (M. J. Klein u. a. [Hg.], *The Collected Papers of Albert Einstein*, Princeton University Press, 1993, Bd. V, Dokument 377) teilt Einstein seinem Freund mit, er werde nach Berlin reisen, um Planck, Nernst, Haber und «einen Astronomen» zu treffen. Dieser Astronom dürfte aller Wahrscheinlichkeit nach Freundlich gewesen sein, da er der einzige Astronom war, mit dem Einstein in dieser Zeit etwas zu tun hatte. Das Notizbuch von Einstein, das Jürgen Renn und seine Kollegen vom Max-Planck-Institut für Wissenschaftsgeschichte in Berlin ausgewertet haben, enthält Eintragungen über Verabredungen während seines Berlin-Aufenthalts in diesem Jahr. Neben wichtigen astronomischen Ideen finden sich dort auch viele Namen und Zeitpunkte von Verabredungen, aber kein Hinweis auf Freundlich. Das überzeugendste Indiz indessen ist ein Brief von Leo W. Pollak aus dem Jahr 1935 an Einstein (Dokument 11–180 des Einstein-Archivs in Jerusalem), in dem dieser erklärt, er habe die beiden Männer 1911 miteinander bekannt gemacht.

3 Die Sammlung befindet sich in der Pierpont Morgan Library in New York.

4 M. J. Klein u. a., *The Collected Papers of Albert Einstein*, Band V, Princeton University Press, 1993, Dokument 281, S. 317.

5 M. J. Klein u. a., *The Collected Papers of Albert Einstein*, Band V, Princeton University Press, 1993, Dokument 472, S. 554 f.

6 M. J. Klein u. a., *The Collected Papers of Albert Einstein*, Band V, Princeton University Press, 1993, Dokument 472, S. 555.

7 M. J. Klein u. a., *The Collected Papers of Albert Einstein*, Band V, Princeton University Press 1993, Dokument 420, S. 503.

8 Das ist auch heute noch nicht möglich. Selbst während einer Sonnenfinsternis lässt sich die Lichtablenkung nur durch ein kompliziertes Verfahren nachweisen.

9 Albrecht Fölsing, *Albert Einstein*, Frankfurt a. M., Suhrkamp, 1995, S. 364.

10 Martin Gilbert, *A History of the Twentieth Century*, Bd. I, New York, Morrow, S. 490.

11 Ronald W. Clark, *Einstein, Leben und Werk*.

12 Einstein an Besso, 1914. A. Pais, *Raffiniert ist der Herrgott*, Heidelberg, Spektrum Akademischer Verlag, 2000, S. 305.

13 Albrecht Fölsing, *Albert Einstein*, Frankfurt a. M., Suhrkamp, 1995, S. 401.

14 Albert Einstein an Erwin Finlay Freundlich, unveröffentlichter Brief vom 10. September 1921; mit freundlicher Genehmigung von Trustees of the Pierpont Morgan Library, New York.

15 Dieser Brief beweist eindeutig, dass sich Einsteins Beziehung zu Freundlich verschlechterte, nachdem Freundlichs Krim-Expedition fehlgeschlagen war. Andere Kommentatoren der Einstein-Freundlich-Beziehung haben das offenbar übersehen. In seinem unlängst erschienenen Buch *Der Einstein-Turm* (Heidelberg, Spektrum Akademischer Verlag, 1992), behauptet Klaus Hentschel, die Beziehung sei 1921 erkaltet, als Freundlich versucht habe, Geld für eines von Einsteins Manuskripten zu erhalten, was Letzteren sehr erbost habe.

16 M. J. Klein u. a., *The Collected Papers of Albert Einstein*, Band VIII, Princeton University Press, 1998, Dokument 54, S. 89.

17 Albert Einstein an Erwin Finlay Freundlich, unveröffentlichter Brief vom 19. September 1915 (oder 1916?); mit freundlicher Genehmigung von Trustees of the Pierpont Morgan Library, New York.

Kapitel 8 – Berlin – Die Feldgleichungen

1 Philipp Frank, *Einstein, Sein Leben und seine Zeit*, Wiesbaden, Vieweg, 1979, S. 190.

2 Philipp Frank, *Einstein: His Life and Times*, New York, Knopf, 1957, S. 113.

3 A. Fölsing, *Albert Einstein*, Frankfurt a. M., Suhrkamp, 1995, S. 418.

4 M. J. Klein u. a., *The Collected Papers of Albert Einstein*, Band V, Princeton University Press, 1993, Dokument 506, S. 594.

5 Abraham Pais, *Raffiniert ist der Herrgott ...*, Heidelberg, Spektrum Akademischer Verlag, 2000, S. 263.

6 a. a. O., S. 279.

7 A. Fölsing, *Albert Einstein*, Frankfurt a. M., Suhrkamp, 1995, S. 422.

Kapitel 9 – Príncipe, 1919

1 a. a. O., S. 509.

2 S. Chandrasekhar, *Eddington: The Most Distinguished Astrophysicist of His Time*, London, Cambridge University Press, 1975.

3 1975 wurden die Inseln endlich unabhängig. Anstelle der portugiesischen Kolonialverwaltung übernahm eine Partei die Macht, die enge Verbindungen zu Kuba, China und der Sowjetunion unterhielt. Erst nach dem Zusammenbruch des Kommunismus bekamen die Inseln eine demokratische Verfassung und bilden seither einen der kleinsten unabhängigen Staaten der Welt.

4 Infolge einer etwas unlogischen historischen Entwicklung sind die Größenklassen der Sterne so geordnet, dass die scheinbare Helligkeit der Sterne mit abnehmender Zahl anwächst, und zwar bis hinab – oder hinauf – zu negativen Zahlen. Sirius, der hellste Stern, gehört in etwa der Größenklasse –1 an. Vega, ein heller Stern der nächsten Größenklasse, hat die Helligkeit 0. Lichtschwächere Sterne gehören zu den Größenklassen 1, dann 2 und so fort. Ein Stern 4. Größe ist mit bloßem Auge kaum noch sichtbar, lässt sich aber schon mit einem schwachen Teleskop sehr gut beobachten.

5 Sir Arthur Eddington, *Space, Time and Gravitation: An Outline of the General Relativity Theory*, New York, Harper & Row, 1920, Neudruck 1959, S. 115.

Kapitel 10 – Das *Joint Meeting*

1 Max Born/Albert Einstein, *Briefwechsel 1916–1955*, kommentiert von Max Born, Geleitwort v. Bertrand Russell, Vorwort v. Werner Heisenberg, München, Nymphenburger Verlagshandlung 1991, S. 37.

2 Einstein, Albert, *The Origins of the General Theory of Relativity*, Glasgow, Jackson, Wylie, 1933.

3 «Joint Eclipse Meeting of the Royal Society and the Royal Astronomical Society», *The Observatory: A Monthly Review of Astronomy*, Bd. XLII, Nr. 545, 1919, S. 389.

4 «Meeting of the Royal Astronomical Society, Friday, 1919, December 12», *The Observatory: A Monthly Review of Astronomy*, Bd. XLIII, Nr. 548, Januar 1920, S. 35.

5 S. Chandrasekhar, *Eddington: The Most Distinguished Astrophysicist of His Time*, London, Cambridge University Press, 1975, S. 30.

6 Die Uhr fragt nicht, ob schnell, ob langsam,/Mit stetem Schritt geht sie dahin./ Und siehe! Die Wolken reißen und die Sonne,/Eine schimmernde Sichel auf dem Schirm – sie zeigt sich!/Zeigt sich.

Fünf Minuten, und nicht ein bisschen länger,/Fünf Minuten, um das Bild zu bannen –/Die Sterne leuchten, und der Korona Licht/ Strömt vom Gestirn der Dunkelheit – Oh, eile dich!

Denn drinnen und draußen, oben, neben, unten,/Es ist nichts als *Schatten-Zauber,*/Ein Spiel, in dem die Sonn' die Kerze ist/Und wir die kreisend Geisterbilder, die kommen und gehen.

Mögen Klügere unsere Messungen deuten,/Indes, eines ist gewiss: LICHT hat GEWICHT./Eines ist gewiss, mag man sonst auch streiten –/Lichtstrahlen, wenn sie der Sonne nahe, VERLAUFEN NICHT GERADE.

7 S. Chandrasekhar, *Eddington: The Most Distinguished Astrophysicist of His Time*, London, Cambridge University Press, 1975, S. 30.

8 Abgedruckt in: Michael Grüning, *Ein Haus für Albert Einstein*, Berlin, Verlag der Nation, 1990, S. 388.

Kapitel 11 – Kosmologische Betrachtungen

1 In: A. Lightman und R. Brawer, *Origins: The Lives and Worlds of Modern Cosmologists*, Cambridge, MA, Harvard University Press, 1990.

2 Vgl. beispielsweise Max Born, *Die Relativitätstheorie Einsteins und ihre physikalischen Grundlagen*, Berlin, Springer, 2001.

3 Wir erinnern uns, dass Energie und Masse nach Einsteins berühmter Formel $E = mc^2$ äquivalent sind.

4 Albert Einstein, «Kosmologische Betrachtungen zur Allgemeinen Relativitätstheorie», Sitzungsberichte der Preußischen Akademie der Wissenschaften zu Berlin, 1917, S. 143.

5 Wie man den Begriff der Unendlichkeit auf den *Raum* anwendet, der unserem Universum zur Verfügung steht, lässt sich folgendermaßen vorstellen. Denken wir uns eine Ebene, die sich in jede Richtung ausdehnt, so weit das Auge reicht. Am Horizont krümmt sich diese Ebene in jede Richtung, in die man blickt, nach oben und setzt diese Aufwärtsbewegung mit immer stärker werdender Steigung fort. Im *Grenzfall* vereinigt sich alles, was sich um Sie herum krümmt, weit direkt über Ihnen in einem Punkt – dem Punkt «Unendlich». (Dieses mathematische Modell bezeichnet man als «Ein-Punkt-Kompaktifizierung des Raums».) Wenn Sie sich vorstellen, dass der Raum, auf dem Sie

stehen, drei Dimensionen anstelle von zwei oder gar vier Dimensionen hat, haben Sie ein Modell für ein Universum mit unendlich ausgedehntem Raum.

6 Albert Einstein, «Kosmologische Betrachtungen zur Allgemeinen Relativitätstheorie», Sitzungsberichte der Preußischen Akademie der Wissenschaften zu Berlin, 1917, S. 143.

7 Ebenda.

8 M. J. Klein u. a., *The Collected Papers of Albert Einstein*, Band VIII, Princeton University Press, 1998, Dokument 294, S. 386.

9 Bei den meisten Galaxien stellte er eine Rotverschiebung fest – woraus er schloss, dass sie sich von uns *entfernen*. Einige relativ nahe Galaxien zeigten eine Blauverschiebung, woraus folgt, dass sie sich uns nähern. Dieses Phänomen ist allerdings die ganz seltene Ausnahme von der allgemeinen Regel und tritt auf, weil eine nahe gelegene Galaxie auf die Gravitationsanziehung der Milchstraße reagiert oder sich einfach in einer Bewegung befindet, die zufällig in unsere Richtung führt.

10 Wiedergegeben in Abraham Pais, *Raffiniert ist der Herrgott ...*, Heidelberg, Spektrum Akademischer Verlag, 2000, S. 292.

Kapitel 12 – Die Expansion des Raums

1 Steven Weinberg, *The Cosmological Constant Problem*, Morris Loeb Lectures in Physics, Harvard University, 1988.

2 Roger Penrose, «Gravitational Collapse and Space-Time Singularities», *Physical Review Letters*, 28. Januar 1965, S. 57–59.

3 Lesern, die an diesem faszinierenden Phänomen näher interessiert sind, sei Leonard Susskinds erhellender und unterhaltender Artikel empfohlen: «Das Informationsparadoxon bei Schwarzen Löchern», *Spektrum der Wissenschaft*, Juni 1997, S. 58.

4 Hier und andernorts sind die Angaben in Milliarden Jahren wegen der fortdauernden Expansion des Raums etwas ungenau.

5 Alan Lightman und Roberta Brawer, *Origins: The Lives and Worlds of Modern Cosmologists*, Cambridge/Mass., Harvard University Press, 1990, S. 8.

6 Wenn wir die Energie des Vakuums durch P_v bezeichnen, dann ist Einsteins kosmologische Konstante gegeben durch: $\lambda = 8\pi P_v$.

Kapitel 13 – Die Beschaffenheit der Materie

1 Neutrinos, die sind winzig klein/Weder Ladung haben sie noch Masse/Und Wechselwirkung gleichfalls nicht/Die Erde, diese unbedeutende Kugel/Durch-

queren sie wie nichts/wie eine Wollmaus einen zugigen Flur/oder Lichtteilchen eine Glasscheibe.

Kapitel 14 – Die Geometrie des Universums

1 In der vierdimensionalen Raumzeit wird die spezielle Metrik der Relativitätstheorie verwendet, um Entfernungen zu definieren. Mit dieser Metrik wird der hyperbolische Raum der negativen Krümmung oft näherungsweise durch einen Sattel wiedergegeben.

2 Ich danke Jeff Weeks für die Ableitung der Geometrie aus der Feldgleichung.

Kapitel 15 – Batavia, Illinois, 4. Mai 1998

1 Perlmutter, S., u. a., «Discovery of a Supernova Explosion at Half the Age of the Universe», *Nature*, Bd. 391, 1. Januar 1998, S. 51–54.

2 Die statistischen p-Werte waren kleiner als 10^{-6}.

3 Im Frühjahr 1999 haben eine Anzahl von Forschungsaufsätzen in wissenschaftlichen Publikationen bestätigt, dass die Supernovae mit großer Zuverlässigkeit als «Standardkerzen» verwendet werden können und dass die aus ihnen gewonnenen Angaben über Entfernung und Geschwindigkeit ein hohes Maß an Zuverlässigkeit aufweisen.

Kapitel 16 – Gottes Gleichung

1 Steven Weinberg, «The Cosmological Constant Problem», Morris Loeb Lectures in Physics, Harvard University, Mai 1988.

2 Das Phänomen der Quasare lässt sich auch anders erklären. Ich danke Alan Guth für diesen Hinweis.

3 H. Aldersley-Williams, «May the Force be with Us?», *The Independent*, 2. Dezember 1996, S. 20.

4 *The Observer*, 23. November 1997.

5 Albert Einstein, *Aus meinen späten Jahren*, Stuttgart, Deutsche Verlagsanstalt, 1952, S. 53.

Literatur

Bohm, David, *The Special Theory of Relativity,* Reading, Mass.: Addison-Wesley, 1979

Bonola, Roberto, *Die nichteuklidische Geometrie: historisch-kritische Darstellung ihrer Entwicklung,* Leipzig: Teubner, 1914. Enthält die Originalaufsätze von J. Bolyai und N. Lobatschewski.

Borisenko, A. I./Tarapov, I. E., *Vector and Tensor Analysis,* New York: Dover, 1968

Born, Max, *Die Relativitätstheorie Einsteins,* Berlin: Springer 2001

Born, Max/Einstein, Albert, *Briefwechsel 1916–1955,* kommentiert von Max Born, Geleitwort v. Bertrand Russell, Vorwort v. Werner Heisenberg, München: Nymphenburger Verlagshandlung 1991

Brian, Denis, *Albert Einstein,* New York: Wiley, 1997

Calaprice, Alice (Hg.), *Einstein sagt: Zitate, Einfälle, Gedanken,* München: Piper, 1997

Calder, N., *Einsteins Universum,* Frankfurt a. M.: Umschau Verlag, 1980

Chandrasekhar, S., *Eddington: The Most Distinguished Astrophysicist of His Time,* New York: Cambridge University Press, 1957

Clark, Ronald, *Albert Einstein: Leben und Werk,* Esslingen: Bechtle, 1974

Davies, P., *Die Unsterblichkeit der Zeit: die moderne Physik zwischen Rationalität und Gott,* Bern: Scherz, 1995

Demetz, Peter, *Prag in Schwarz und Gold: sieben Momente im Leben einer europäischen Stadt,* München: Piper, 1998

Do Carmo, M., *Differentialgeometrie von Kurven und Flächen,* Braunschweig: Vieweg, 1983

Eddington, Sir Arthur S., *Raum, Zeit und Schwere: Ein Umriß der allgemeinen Relativitätstheorie,* Braunschweig: Vieweg, 1923

—, *Relativitätstheorie in mathematischer Behandlung,* Berlin: Springer, 1925

Einstein, Albert, *Autobiographical Notes* (Autobiographisches), deutsch und engl., La Salle, Ill.: Open Court, 1979

—, *Aus meinen späten Jahren,* Stuttgart: Deutsche Verlagsanstalt, 1952

—, *The Origins of the General Theory of Relativity,* Glasgow: Jackson, Wylie, 1933

—, *Über die spezielle und allgemeine* Relativitätstheorie, Braunschweig: Vieweg, 1954

Einstein, Albert/Hendrik A. Lorentz, *Das Relativitätsprinzip,* Darmstadt: Wissenschaftliche Buchgesellschaft, 1958. Enthält Abhandlungen von H. Lorentz, von H. Well, H. Minkowski und Anmerkungen von A. Sommerfeld.

Ferris, Timothy, *Coming of Age in the Milky Way,* New York: Anchor, 1988

Fölsing, Albrecht, *Albert Einstein,* Frankfurt a. M.: Suhrkamp Taschenbuch, 1995

Frank, Philipp, *Einstein: Sein Leben und seine Zeit,* Braunschweig: Vieweg, 1979

French, A. P. (Hg.), *Einstein: A Centenary Volume,* Cambridge, Mass.: Harvard University Press, 1979

Gilbert, Martin, *Geschichte des 20. Jahrhunderts,* Bd. 1, 1900–1918, Bd. 2, 1919 bis 1933, München: List, 1997–1998

Goldsmith, Donald, *Einstein's Greatest Blunder?,* Cambridge, Mass.: Harvard University Press, 1995

Golub, L./Pasachoff, Jay M., *The Solar Corona,* New York: Cambridge University Press, 1998

Grüning, Michael, *Ein Haus für Albert Einstein: Erinnerungen, Briefe, Dokumente,* Berlin: Verlag der Nation, 1990

Guggenheimer, H. W., *Differential Geometry,* New York: Dover, 1977

Guth, Alan H., *Die Geburt des Kosmos aus dem Nichts: die Theorie des inflationären Universums,* München: Droemer, 1999

Halliday, David/Resnick, Robert, *Fundamentals of Physics,* Bde. I, II, New York: Wiley, [3]1988

Hawking, Stephen, *Eine kurze Geschichte der Zeit,* Reinbek: Rowohlt, 1988

Hentschel, Klaus, *Der Einstein-Turm: Erwin F. Freundlich und die Relativitätstheorie – Ansätze zu einer «dichten Beschreibung» von institutionellen, biographischen und theoriegeschichtlichen Aspekten,* Heidelberg: Spektrum Akademischer Verlag, 1992

Holton, Gerald, *Einstein, die Geschichte und andere Leidenschaften: der Kampf gegen die Wissenschaft am Ende 20. Jahrhunderts,* Braunschweig: Vieweg, 1998

Hoskin, Michael (Hg.), *The Cambridge Illustrated History of Astronomy,* Cambridge: Cambridge University Press, 1997

Huggett, S. A., u. a., *The Geometric Universe: Science, Geometry, and the Work of Roger Penrose,* New York: Oxford University Press, 1998

Klein, Martin J., u. a., *The Collected Papers of Albert Einstein,* Bde. V (1993), VIII (1998), Princeton: Princeton University Press, 1993, 1998

Kragh, Helge, *Cosmology Comes of Age,* Princeton: Princeton University Press, 1996

Landau, L./Lifshitz, E., *Klassische Feldtheorie,* Thun: Harri Deutsch, 1997

Levy, S. (Hg.), *Flavors of Geometry,* New York: Cambridge University Press, 1997

Lightman, Alan/Brawer, Roberta, *Origins: The Lives and Worlds of Modern Cosmologists,* Cambridge, Mass.: Harvard University Press, 1990

Meserve, B., *Fundamental Concepts of Geometry,* New York: Dover, 1983

Misner, C. W./Thorne, K. S. /Wheeler, J. A., *Gravitation,* San Francisco: Freeman, 1973

Pais, Abraham, *Ich vertraue auf Intuition: der andere Albert Einstein,* Heidelberg: Spektrum Akademischer Verlag, 1995

—, *Raffiniert ist der Herrgott …: Albert Einstein. Eine wissenschaftliche Biographie,* Heidelberg: Spektrum Akademischer Verlag, 2000

Pasachoff, Jay M., *Astronomy: From the Earth to the Universe,* 5th Ed., San Diego: Saunders, 1998

Penrose, Roger, *Computerdenken. Die Debatte um künstliche Intelligenz, Bewußt-sein und die Gesetze der Physik,* Heidelberg, 1991

Rees, Martin, *Vor dem Anfang: eine Geschichte des Universums,* Frankfurt a. M.: Fischer, 1998

Reichenbach, H., *Philosophie der Raum-Zeit-Lehre,* Braunschweig: Vieweg, 1977

Rucker, R. B., *Geometry, Relativity, and the Fourth Dimension,* New York: Dover, 1977

Sayen, J., *Einstein in America,* New York: Crown, 1985

Schatzman, E., *Our Expanding Universe,* New York: McGraw-Hill, 1992

Spielberg, N./Anderson, B., *Seven Ideas that Shook the Universe,* New York: Wiley, 1987

Stachel, John, u. a., *The Collected Papers of Albert Einstein,* Bde. I, II, Princeton: Princeton University Press, 1987, 1989

Stoker, J. J., *Differential Geometry,* New York: Wiley, 1969

Thorne, Kip S., *Gekrümmter Raum und verborgene Zeit: Einsteins Vermächtnis,* München: Droemer Knaur, 1995

Weinberg, Steven, *Gravitation and Cosmology: Principles and Applications of the General Theory of Relativity,* New York: Wiley, 1972

White, Michael/Gribbin, John, *Einstein: A Life in Science,* New York: Penguin, 1994

Wolfe, H. E., *Non-Euclidean Geometry,* New York: Holt, Rinehart and Winston, 1945

Register